STATISTIQUE GÉNÉRALE

DES

RICHESSES MINÉRALES ET MÉTALLURGIQUES

DE LA FRANCE

ET DES PRINCIPAUX ÉTATS DE L'EUROPE

CONSISTANCE DES PRINCIPALES MINES ET USINES

IMPRIMERIE ERNEST FLAMMARION
RUE RACINE, 26, PARIS

STATISTIQUE GÉNÉRALE

DES

RICHESSES MINÉRALES

ET MÉTALLURGIQUES

DE LA FRANCE

ET

DES PRINCIPAUX ÉTATS DE L'EUROPE

CONSISTANCE DES PRINCIPALES MINES ET USINES

1894

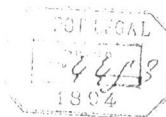

PAR

E. de VILLARS

OFFICIER SUPÉRIEUR DU GÉNIE EN RETRAITE
SURVEILLANT A L'ÉCOLE NATIONALE SUPÉRIEURE DES MINES

PARIS

Vᵛᵉ Ch. DUNOD et P. VICQ, ÉDITEURS

LIBRAIRES DES CORPS NATIONAUX DES PONTS ET CHAUSSÉES, DES MINES
ET DES TÉLÉGRAPHES
49, Quai des Grands-Augustins, 49

1894

La Statistique des Richesses Minérales et Métallurgiques de la France et des principaux États de l'Europe ne peut être, comme son titre l'indique, qu'un travail de compilation rationnelle présentant, groupés et coordonnés, les nombreux renseignements épars dans les diverses Publications françaises et étrangères.

Son auteur a été guidé par la pensée que ce travail pouvait présenter un intérêt réel en portant à la connaissance des lecteurs les chiffres les plus récents de la production et de la population ouvrière donnés par les Statistiques des divers pays.

Grâce aux nombreux détails qu'il renferme sous un petit volume, chacun pourra se rendre facilement compte de la puissance minérale et métallurgique des États européens, l'un des facteurs les plus importants de leur richesse et de leur prospérité commerciale.

Enfin les renseignements financiers que l'auteur y a consignés, sous toutes réserves mais en s'entourant des plus grandes précautions, pourront guider le choix de ceux qui désirent trouver le placement le plus avantageux de leurs capitaux dans cette branche de l'industrie nationale.

Aussi, cette Publication, dégagée de tous détails techniques, paraît de nature à satisfaire la curiosité de tous par son actualité et semble devoir trouver place dans les Bibliothèques publiques et privées.

BIBLIOGRAPHIE

Les ouvrages français et étrangers consultés, sont :

Le *Traité des gîtes minéraux et métallifères* (De Launay).
La *Statistique annuelle de l'industrie minérale.*
L'*Annuaire des mines et de la métallurgie.*
Le *Journal des mines et des chemins de fer.*
Les *Journaux de voyage* et *Mémoires des Élèves de l'École* nationale supérieure des mines.

Engineering and mining Journal.
Mineral ressources of the United-States.
Mineral Statistics of the United-Kingdom.
Industries and Iron.
The Colliery Guardian.
Stahl und Eisen.
Statistiches Jahrbuck der k. k. Akerbau ministerium.
Statistiches für das Berghütten und Salinewnesen.
Statistiches zusammenstellungen von der Metallgeselschaft Frankfurt-am-Main.
Estadistica minera.
Revista minera y metalurgica.
Statistica del regno d'Italia.

STATISTIQUE GÉNÉRALE

DES

RICHESSES MINÉRALES ET MÉTALLURGIQUES

DE LA FRANCE

ET DES PRINCIPAUX ÉTATS DE L'EUROPE

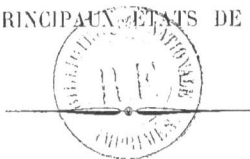

DIVISION DE LA FRANCE EN CINQ RÉGIONS

Afin de rendre plus simple et plus méthodique l'énumération des richesses minérales de la France et de ses principaux établissements métallurgiques et industriels, il a paru convenable de la diviser en cinq régions correspondant, chacune, à un ou plusieurs bassins houillers, principaux ou secondaires, et comprenant un certain nombre de départements sur le territoire desquels se trouvent les établissements généralement alimentés par les houillères les plus voisines et par les mines et minières de la région.

1° *Région du Nord et du Nord-Ouest.*

Elle embrasse tout le terrain compris au nord d'une ligne imaginaire orientée N.-E.-S.-O. et menée de la pointe des Ardennes à l'embouchure de la Charente ; elle s'étend sur 27 départements.

Elle comprend les bassins houillers principaux du Nord et du Pas-de-Calais avec le petit bassin annexe du Boulonnais, le petit bassin houiller de la Basse-Loire et les bassins partiels anthraciteux de la Mayenne, de la Sarthe, de Maine-et-Loire et du Bocage vendéen.

1

2° *Région du Nord-Est et de l'Est-Nord-Est.*

Elle s'étend sur quatorze départements, au nord-est d'une ligne imaginaire perpendiculaire à la première et menée du lac de Genève à la pointe du Cotentin.

Elle comprend le bassin houiller de la Haute-Saône, celui ligniteux des Vosges, les bassins houillers de la Côte-d'Or et de Saône-et-Loire et les importants bassins miniers et métallurgiques des Ardennes, de la Meuse, de Meurthe-et-Moselle et de Saône-et-Loire.

3° *Région du Centre et de l'Est.*

Elle s'étend sur seize départements groupés autour du massif central et s'avance, à l'est, jusqu'aux Alpes. Elle comprend les bassins houillers du Nivernais, du Bourbonnais, de la Loire, de l'Auvergne, de la Creuse et de la Corrèze et du nord des Alpes occidentales.

4° *Région du Midi et du Sud-Est.*

Elle s'étend sur seize départements, au sud de la 3ᵐᵉ région et à l'est du méridien Paris-Aurillac. Elle comprend les bassins houillers de l'Aveyron, du Tarn, du Gard, de l'Hérault et les bassins ligniteux au sud des Alpes Occidentales, dans les Bouches-du-Rhône et le Var.

5° *Région du Sud-Ouest.*

Elle s'étend sur quatorze départements, au sud et à l'ouest de la première et de la quatrième régions, et ne comprend que les petits bassins houillers de la Dordogne et du Lot.

PRODUCTION HOUILLÈRE, MINÉRALE ET MÉTALLURGIQUE

Avant d'aller plus loin et d'entreprendre l'étude détaillée de chaque région, il paraît intéressant de jeter un coup d'œil sur la production minérale et métallurgique de la France, telle qu'elle ressort de la statistique officielle de 1892.

Les chiffres de la production donnés par le tableau ci-après sont afférents à l'année 1892 :

PRODUCTION MINÉRALE ET MÉTALLURGIQUE EN 1892.

	1892		1893	
	PRODUCTION	OUVRIERS	PRODUCTION	OUVRIERS
Houille et anthracite	25.091.255	130.116		
Lignite.	481.468	3 077		
Minerai de fer.	3.706.750	6.835		
— de plomb argentifère	21.656			
— de zinc.	69.236			
— de cuivre.	221			
— de manganèse	32.406	4.022		
— d'antimoine.	5.403			
— d'étain	11			
Pyrite de fer.	230.480			
Schistes bitumineux.	200 025	903		
Calcaire asphaltique.	24.286			
Soufre	7.231	70		
Sel gemme.	509.856	336		
Sel marin	163.896	10 143		
Fonte.	2.057.258	40.159		
Fers marchands et tôles	828.319	29.931		
Acier ouvré	682.467	23.299		
Moulés en deuxième fusion.	564.834	30.287		
Plomb.	8.776			
Argent	103.247^{ks}			
Or	210^{ks}			
Zinc	20.609^T	2.622		
Cuivre	2.163			
Nickel	1.244			
Aluminium.	75			
Antimoine	754			
Raffineries de sel gemme.	»	1.304		
Algérie.				
Minerai de fer	452.603	2.004		
— de plomb argentifère	349			
— de zinc.	21.907			
— de cuivre.	8.444	620		
— d'antimoine.	48			
— de mercure.	178			
Sel gemme.	24.784	441		
Moulés en deuxième fusion	445	53		
Mattes cuivreuses.	448	47		

La fonte a été produite dans 60 usines, comptant 107 hauts-fourneaux.

Le fer a été produit dans 152 usines comptant : 629 fours à puddler, ayant donné 694.100^T, 37 foyers d'affinerie catalans ayant donné 8.700^T, et 670 fours à réchauffer ayant donné 125.519^T.

23 foyers Bessemer et 81 fours Martin, répartis dans 36 usines, ont donné respectivement 515.640^T et 309.846^T de lingots.

100 usines travaillant l'acier ont produit 682.467^T d'acier ouvré.

L'ensemble de ces usines à fer occupait 62.500 ouvriers.

COMBUSTIBLE

La production du combustible se répartit par région ainsi qu'il suit :

1re *région* (Nord et Pas-de-Calais, Boulonnais, la Basse-Loire, Mayenne, Sarthe, Maine-et-Loire, Vendée Deux-Sèvres) : 15.594.889^T avec 64.625 ouvriers.

2e *région* (Haute-Saône, Vosges, Côte-d'Or et Saône-et-Loire) : 1.984.234^T avec 11.810 ouvriers.

3e *région* (Nivernais, Bourbonnais, Loire, Auvergne, Creuse et Corrèze, Rhône, Isère) : 5.587.913^T avec 30.473 ouvriers.

4e *région* (Aveyron, Tarn, Gard, Hérault, Comtat, Provence) : 4.008.734^T avec 26.217 ouvriers.

5e *région* (Dordogne, Lot) : 2.931^T avec 38 ouvriers.

La consommation du combustible a été supérieure de plus de 10.000.000^T à la production et le déficit a été comblé par l'importation, dans les proportions suivantes :

Belgique.	3.943.000^T de houille,	576.000^T de coke.
Angleterre	4.870.000 —	15.000 —
Allemagne	599.000 —	814.000 —
Pays divers.	4.000 —	19.000 —

PRODUCTION MINÉRALE

La France a extrait en 1892, de ses mines et minières, la quantité de 3.706.750^T de minerai de fer. Les groupes de production les plus importants sont ceux de Nancy, de Longwy et d'Algérie, qui a produit, à elle seule, 452.603^T. Le surplus vient du Cher, du Var, de l'Ariège, des Pyrénées-Orientales, de l'Ardèche, du Calvados, de la Manche, de l'Isère, de la Haute-Marne et de Saône-et-Loire.

Le nombre des concessions exploitées tant en France qu'en Algérie a été de 70, occupant 8.800 ouvriers.

La consommation des haut-fourneaux a été de 5.086.000^T, se décomposant ainsi :

Minerais indigènes.	3.402.000^T
— d'Algérie	54.000
— étrangers.	1.630.000

La différence des minerais indigènes produits (3.707.000^T) et de ceux employés (3.402.000^T), soit 305.000^T, a été exportée en Belgique, en Allemagne et aux Pays-Bas.

Les minerais étrangers importés (1.630.000^T) viennent en grande partie du Luxembourg, d'Allemagne, d'Espagne et, pour le surplus, 1/20 environ, de Belgique et de Grèce.

Les 5.086.000^T de minerai de fer traitées aux hauts-fourneaux ayant produit 2.057.258^T de fonte, il en résulte que le rendement moyen de ce minerai a été de 40,4 p. 100.

L'exploitation des autres mines métalliques, au nombre de 69, occupant 6.835 ouvriers, n'a donné qu'une production insuffisante pour alimenter nos usines métallurgiques, et le déficit est comblé par l'importation de minerais étrangers.

Mais la production même de nos usines en métaux usuels est grandement insuffisante et la France est obligée d'importer, chaque année, une grande proportion de ces métaux, comme l'indique le tableau ci-dessous ·

MÉTAUX	CONSOMMATION	PRODUCTION	IMPORTATION	PROVENANCE
Plomb.	81.800^T	8.776^T	73.045^T	Espagne.
Cuivre	21.200	2.163	27.593	États-Unis, Angleterre, Chili.
Zinc.	44.400	20.609	30.860	Belgique, Allemagne.
Nickel.	3.600	1.244	2.700	Nouvelle-Calédonie.
Étain	6.300	»	7.200	Colonies indiennes et Pays-Bas.

Les usines de France ont produit en outre :

210^{kg} d'or, provenant de la fonte de minerais étrangers ; 103.247^{kg} d'argent, extraits des minerais indigènes de plomb argentifère et de plombs d'œuvre étrangers.

75^T d'aluminium obtenues avec des minerais étrangers dans les usines de l'Isère et de Savoie.

754^T d'antimoine obtenues presque exclusivement par le traitement des minerais indigènes dans les usines du Gard, de la Haute-Loire, du Cantal, de la Lozère.

L'écart entre la production directe des usines et la consommation, tel qu'il ressort du tableau ci-dessus, semblerait indiquer une grande insuffisance dans les ressources de la France si l'on ne tenait compte de la quantité de minerais qu'elle exporte et qui, traités à l'étranger, lui rentrent comme métal importé.

PREMIÈRE RÉGION

DÉPARTEMENT DU NORD

Mines de charbon.

Le département du Nord avait, en 1892, 15 exploitations en activité qui ont produit 4.637.316^T et occupé 20.819 ouvriers.

Les principales compagnies exploitantes sont :

La Compagnie des mines d'*Aniche*, dont l'exploitation s'étend sur une surface de 11.850 hectares et a produit 825.725^T en 1892, avec 3.500 ouvriers.

Elle possède une usine à coke de 188 fours Coppée et fournit une partie de ses charbons à l'usine d'agglomérés de la Compagnie *Dehaynin* qui est enclavée dans ses concessions.

L'avoir social de la Compagnie est divisée en 3.600 actions, valant chacune 10.395 francs au 1er mars 1894 et donnant un revenu de 750 francs. Le siège social est à Aniche.

La Compagnie des mines d'*Anzin*, dont l'exploitation porte sur 6 concessions : Anzin, 11.851 hectares; Denain, 1.343 hectares; Fresnes, 2.073 hectares; Raismes, 4.819 hectares; Saint-Saulve, 2.200 hectares, et Vieux-Condé, 3.400 hectares, soit au total 25.700 hectares, sur lesquels 18 sièges d'exploitation ont produit 2.818.529^T.

L'avoir social de la Compagnie, dont les premiers travaux remontent à 1757, était, primitivement, de 24 sols divisés successivement en deniers et centièmes de deniers. Il se compose actuellement de 28.800 actions, valant 4.485 francs au 1er mars 1894 et donnant un revenu de 240 francs. Administration à Anzin.

La production du 1er semestre 1893 s'est élevée à 1.437.276^T.

La Compagnie des fours à coke du Nord et des mines d'*Azincourt*, qui exploite une superficie de 2.182 hectares et a produit 104.228^T en 1892, 50.279^T dans le premier semestre 1893.

La Compagnie des mines de *Douchy*, qui a 4 fosses d'exploitation concentrées au village de Lourches pour une superficie de 3.420 hectares. Elle a produit 328.271^T en 1892, et 149.688^T durant le premier semestre de 1893. Elle a une usine à coke de 126 fours produisant 90.000^T environ.

L'avoir social était primitivement représenté par 26 sols ou actions émises à 2.500 francs ; mais, en 1850, l'assemblée générale décida que ces 26 sols seraient remplacés par 3.744 actions nouvelles, valant chacune 1/144 des premières. Le cours le plus élevé de ces actions a atteint 10.125 francs, en 1875.

Elles valent 2.805 francs au 1er mars 1894 et donnent un revenu de 200 francs.

La Compagnie de l'*Escarpelle*, qui exploite, par 6 fosses d'extraction, une superficie de 4.721 hectares. Elle a produit 509.041^T en 1892 et 230.313^T durant le premier semestre 1893.

L'avoir social est divisé en 6.000 actions, valant 2.015 francs au 1er mars 1894 et donnant 30 francs de revenu.

La Compagnie exploite aussi une usine d'agglomérés.

La Compagnie des mines de *Thivencelles et Fresnes-Midi*, au capital social de 5 millions de francs, représenté par 5.000 actions de 1.000 francs. Elle est concessionnaire des houillères de : Thivencelles, 980 hectares ; Saint-Aybert, 485 hectares ; Escaupont, 110 hectares. Elle a deux sièges d'extraction, a produit 132.083^T en 1892 et 67.530^T durant le premier semestre 1893.

La Compagnie houillère de *Crespin*, concessionnaire de 2.848 hectares, qui a produit 55.226^T en 1892 et 31.763^T durant le premier semestre 1893.

La Compagnie de *Vicoigne et Nœux*, dont l'exploitation est a cheval sur le Nord et le Pas-de-Calais, a produit 102.860^T en 1892 et 56.376^T durant le premier semestre 1893.

Le capital social est de 4.000 actions de 1.000 francs, valant 17.900 francs au 1er mars 1894 et donnant un revenu de 1.000 francs. Le siège social est à Nœux les Mines (Pas-de-Calais).

Minerai de fer.

Le département du Nord, si richement doté pour la production de la houille, l'est moins avantageusement pour les minerais métalliques, bien que l'on puisse y citer les concessions de mines de fer de : *Glayeon*, 275 hectares ; *Féron*, 250 hectares ; *Fourmies*, 275 hectares ; *les Pizons*, 123 hectares ; *Trélon et Ohain*, 1.600 hectares ; *Wignehies*, 268 hectares.

Cette dernière appartient à la Société des hauts-fourneaux et aciéries de Denain-Anzin.

Principaux établissements métallurgiques et industriels.

Le département du Nord comptait, en 1892, 28 usines à fer, 82 fonderies en deuxième fusion et 1 usine à cuivre, occupant ensemble 15.685 ouvriers.

Les 28 usines à fer comprenaient :

> 7 hauts-fourneaux.
> 272 fours à puddler.
> 4 foyers d'affinerie.
> 110 fours à réchauffer.
> 3 foyers Bessemer.
> 8 fours Martin.
> 3 fourneaux et 16 creusets pour fusion d'acier.
> 21 fours de chaufferie.
> 85 trains de laminoirs.

Ces 28 usines ont produit :

229.978^T de fonte.
323.755 de fer.
123.535 d'acier ouvré.
59.838 d'objets moulés en 2e fusion.
12.032 de zinc.

Voici quelques renseignements sur la consistance des principaux établissements énumérés dans l'ordre alphabétique :

Auby : Usine à zinc de la Compagnie *Royale asturienne* des mines. Elle comprend 22 fours de réduction et 8 laminoirs; elle a produit 12.832^T de zinc et occupé 150 ouvriers.

Blanc-Misseron : Forges, ateliers de construction de matériel de chemin de fer, verreries.

Dehaynin : Fabrique d'agglomérés, près de Soumain, enclavée dans la concession houillère d'Aniche, d'où elle tire ses charbons. Elle produit annuellement 120.000^T de briquettes et occupe 40 ouvriers.

Denain-Anzin : Société de hauts-fourneaux, forges et aciéries, au capital de 10 millions de francs représenté par 20.000 actions de 500 francs valant 420 francs au 1er mars 1894 et donnant un revenu de 25 francs : Siège social, rue Mogador, 4.

Cette Société possède, à Denain et à Anzin, des usines qui fabriquent des fers laminés, des tôles de fer et d'acier, des rails d'acier et autre matériel de chemin de fer et de construction.

L'usine de Denain est située dans la ville même, près du canal de l'Escaut et sur la voie ferrée. Elle comprend 4 hauts-fourneaux pouvant donner 240^T de fonte et traitant les minerais de Bilbao, de Mokta-el-Hadid, de la Tafna. Elle tire ses charbons de Nœux et d'Anzin et fabrique elle-même son coke au moyen de 30 fours Coppée et de 32 fours Bernard.

L'aciérie comprend 4 convertisseurs Bessemer de 10^T, 3 fours Pernot, une nouvelle aciérie Martin, des laminoirs pour tôles et pour rails.

A côté de cette usine nouvelle se trouve une ancienne installation comprenant : 2 hauts-fourneaux donnant exclusivement de la fonte pour puddlage et traitant les minerais de Meurthe-et-Moselle; un atelier de puddlage de 35 fours et une fabrique de produits réfractaires.

Enfin, tout à côté, se trouve une fonderie de cuivre et d'acier.

L'usine située à Anzin comprend : 2 hauts-fourneaux traitant les hématites de Saint-Rémy (Calvados), les minerais oolithiques d'Hussigny et du Luxembourg et les minerais de Bilbao et d'Algérie; ils donnent journellement 150^T de fonte; un atelier de puddlage et de laminoirs pouvant produire 220^T.

L'ensemble des deux usines de Denain et d'Anzin occupe 4.000 ouvriers.

La Société de *Denain-Anzin* fait partie du syndicat formé, en 1876, pour l'exploitation d'une partie des minerais de Sonmorostro.

Doullens : Grande exploitation de phosphates de la Compagnie de Saint-Denys, donnant 1.500^T par mois.

Ferrière-la-Grande (Société anonyme des établissements métallurgiques de) : Fonderies de cuivre et de fer, ateliers de construction.

Fives-Lille (Compagnie anonyme de) : Au capital de 12 millions de francs, représenté par 24.000 actions de 500 francs valant 655 francs au 1er mars 1894 et donnant un revenu de 35 francs. Siège social, rue Caumartin, 64.

Elle exploite les 3 grandes sucreries : d'*Abbeville*, de *Coulommiers* et de *Neuilly-Saint-Front;* elle possède, à Fives-Lille même, d'importants ateliers de construction de matériel de chemin de fer, de ponts, de charpente et des ateliers analogues à *Givors.* Elle a construit récemment un pont en fer à jeter sur l'Argest, ligne de Bucharest à Giurgewo. Elle occupe 2.500 ouvriers.

Fourmies : Mine de fer inexploitée de 275 hectares; forges, verreries, filatures.

Hautmont : Forges, fonderies et laminoirs de l'usine *Saint-Marcel*, appartenant à la Société de *Vézin-Aulnoye* dont il sera parlé plus loin, et usine de la Société belge la *Providence.*

Cette dernière usine comprend : deux hauts-fourneaux pouvant donner 110^T de fonte, une usine à coke de 60 fours Smet, un hall de puddlage de 50 tours, une fonderie, une aciérie Martin, des laminoirs : Elle peut produire 70.000^T de fonte, 60.000^T de fers finis, 3,000^T de pièces moulées en fonte; elle occupe 2.000 ouvriers.

Hellemmes : Ateliers de construction et de réparation du chemin de fer du Nord.

Jeumont : Fonderies et ateliers de construction; fabrique de glaces, verreries.

Lille : Ateliers de construction *Dujardin* pour les machines à vapeur destinées surtout aux filatures; ils tirent les fontes et les pièces forgées de la fonderie de Sin-le-Noble, près de Douai.

Loos : Usine *Kühlman* de produits chimiques; elle fabrique du sulfate de soude, de l'acide sulfurique, du chlore, de l'eau de Javel, etc.

Tout à côté se trouve une autre usine à phosphates.

Maubeuge : Usine appartenant à la Société des hauts-fourneaux de Maubeuge, au capital de 3 millions de francs, représenté par 6.000 actions de 500 francs qui valaient 410 francs au mois d'août 1893. Siège social, à Maubeuge (Nord).

Cette Société, qui est concessionnaire des mines de fer de Jarny et de Buthegnémont, dans Meurthe-et-Moselle, a exploité pendant quelque temps celle des *Pizons.*

Son usine comprend un haut-fourneau donnant 90^T, une fonderie de trois cubilots, des laminoirs, des ateliers de construction. Elle occupe 1.400 ouvriers.

Raismes : Ateliers appartenant à la Société franco-belge de construction de machines et de matériel de chemin de fer qui possède, en outre, les ateliers de la *Louvière* (Belgique).

Les ateliers de Raismes, installés depuis 1881, travaillent pour les chemins de fer français et étrangers. Les fers et les grosses pièces leur sont fournis par d'autres usines et ils ne fabriquent que les bielles et les tiges diverses de locomotives. Ils comprennent des ateliers de forge, de chaudronnerie, de montage, de finissage, de ferrure de wagons et une scierie. Ils occupent 800 à 900 ouvriers.

L'usine tire ses charbons de Douchy, ses fontes de Denain-Anzin et ses fers de Maubeuge, Saint-Étienne, le Creusot.

Trith-Saint-Léger : L'usine de Trith-Saint-Léger, située à 2 kilomètres au sud de Valenciennes, près de l'Escaut et du chemin de fer du Nord, appartient à la Société anonyme des forges et aciéries du Nord et de l'Est, au capital de 12 millions de francs. Siège social, rue d'Antin, 5. Elle tire ses fontes de Jarville et d'Ougrée, le charbon et le coke d'Anzin.

L'usine actuelle comprend l'ancienne et la nouvelle usine et compte 43 fours à puddler, 17 fours à réchauffer, 5 trains de laminoirs. L'aciérie, de construction récente (1881-1882), comprend : 2 convertisseurs Bessemer basiques, 1 four Martin pour les aciers de bandages et d'essieux, 1 fonderie, 1 fabrique de produits réfractaires, 1 hall de martelage et de laminage. Elle consomme 130 à 150.000^T de fonte, 100.000^T de charbon, 12.000^T de coke. Elle produit 50.000^T de fers laminés, 80.000^T d'aciers divers et 2.000^T de pièces moulées. Elle occupe 1.500 ouvriers.

Vézin-Aulnoye : Usine appartenant à la Société des mines et hauts-fourneaux de *Vézin-Aulnoye*, au capital de 5 millions de francs. Siège central, à Maubeuge.

La Société, fondée en 1858, possède les 2 hauts-fourneaux d'Aulnoye, les minerais oligistes de Vézin, les 2 hauts-fourneaux de *Maxéville*, les forges et laminoirs *du Tilleul*, à Maubeuge, et l'usine *Saint-Marcel*, à Hautmont, enfin les mines de fer de Maxéville, Pompey, Homécourt, Jœuf, Avant-Garde et Boudonville, dans Meurthe-et-Moselle.

Les fontes des 4 hauts-fourneaux d'Aulnoye et de Maxéville sont envoyées aux forges du Tilleul et de Saint-Marcel, qui comprennent, dans leur ensemble, 68 fours à puddler, 22 fours à réchauffer et 13 trains de laminoirs.

Les hauts-fourneaux de Maxéville et les mines de fer de l'Est occupent 2.200 ouvriers.

Onnaing, fonderies et ateliers de construction.

Orchies, ateliers de constructions en fer.

DÉPARTEMENT DU PAS-DE-CALAIS

Mines de charbon.

Le département du Pas-de-Calais avait, en 1892, 18 exploitations de charbon qui ont donné 9.801.547^T et occupé 42.380 ouvriers.

Les principales Compagnies exploitantes, sont :

La Société des mines de *Auchy-aux-Bois*, *Fléchinelle* et *Lières*, dont la concession a une contenance totale de 3.462 hectares. Elle a produit 19.986^T en 1892.

La Compagnie des mines de *Bruay*, au capital de 3 millions de francs, représenté par 3.000 actions de 1.000 francs, valant 12.300 francs au 1er mars 1894 et donnant un revenu de 675 francs. Siège social à Bruay. — La concession de Bruay a une étendue de 4.900 hectares; elle est traversée par le chemin de fer du Nord et reliée au canal d'Aire à la Bassée. Elle a cinq puits en exploitation, trois en construction et occupe 1.100 ouvriers. Elle a produit 918.164^T en 1892 et 476.937^T durant le premier semestre 1893.

La Compagnie des mines de *Bully-Grenay*, dont l'avoir social est réparti en 18.000 parts, valant 2.715 francs au 1er mars 1894 et donnant un revenu de 150 francs.

La concession a, depuis 1877, une superficie de 6.352 hectares s'étendant sur huit communes; elle est traversée par le chemin de fer des houillères du Pas-de-Calais et reliée au canal d'Aire à la Bassée; elle est comprise entre les concessions de Lens à l'est et de Nœux à l'ouest; elle a six sièges d'extractions et a produit 1.117.510^T en 1892 et 535.995^T durant le 1er semestre de 1893. Elle occupe 3.450 ouvriers.

La Société anonyme des mines de *Carvin*, au capital social de 1.972.500 francs, représenté par 3.945 actions de 500 francs, valant 940 francs au 1er mars 1894 et donnant un revenu de 60 francs. Siège social, 11, avenue de l'Opéra, à Paris.

L'exploitation a une superficie de 1.100 hectares et a produit 202.876^T en 1892 et 104.733^T durant le 1er semestre 1893.

La Compagnie des mines de *Courrières*, au capital de 6 millions de francs. Siège social à Billy-Montigny (Pas-de-Calais).

L'exploitation, d'une superficie de 5.460 hectares, a sept fosses en activité et une huitième en creusement. Elle est comprise entre les concessions de Dourges à l'est, de Lens à l'ouest et se trouve sur le chemin de fer du Nord et sur le canal de la Deule. Elle a produit 1.375.888^T en 1892 et 695.329^T durant le 1er semestre 1893.

La Compagnie des mines de *Dourges*, au capital de 1.800.000 francs, représenté par 1.800 actions de 1.000 francs, valant 7.450 francs au 1er mars 1894 et donnant un revenu de 325 francs. La concession, d'une superficie de 3.787 hectares, a son siège d'exploitation à *Hénin-Liétard*, avec quatre fosses; elle a trois batteries de vingt fours Coppée.

La production a été de 621.062^T en 1892 et de 296.207^T durant le 1er semestre 1893.

La Compagnie des mines de *Drocourt*, au capital de 3.500.000 francs, représenté par 3.500 actions de 1.000 francs, valant 4.800 francs au 1er mars 1894 et donnant un revenu de 75 francs. La concession est de 2.544 hectares et l'exploitation a produit 296.264^T en 1892 et 148.330^T durant le 1er semestre 1893.

La Compagnie des houilles de *Ferfay*. La concession de Ferfay a 1.700 hectares, celle de Couchy-la-Tour, qui lui est jointe, 278 hectares, et la production a atteint 223.759^T en 1892 et 101.636^T durant le 1er semestre 1893.

La Société des mines de *Lens et Douvrin*, au capital social de 3.000.000 francs, représenté par 3.000 actions de 1.000 francs, valant 24.000 francs au 1er mars 1894. Siège social à Lille.

La concession, d'une superficie de 6.939 hectares, a dix puits en activité, occupe 7.800 ouvriers et a produit 2.105.349^T en 1892 et 979.345^T durant le 1er semestre 1893.

La Société houillère de *Liévin*, au capital de 2.916.000 francs, représenté par 2.916 actions de 1.000 francs, valant 9.400 francs au 1er mars 1894 et donnant un revenu de 350 francs. L'exploitation se fait par deux fosses d'extraction, occupe 2.000 ouvriers et a produit 699.630^T en 1892, 330.406^T durant le 1er semestre 1893. Siège social à Liévin (Pas-de-Calais.)

La Compagnie des mines de *Marles*, qui a trois sièges d'exploitation et six puits en activité, sur une superficie de 2.990 hectares. Elle occupe 2.000 ouvriers, a produit en 1892 694.550^T et 348.000^T durant le 1er semestre 1893. Siège social, 7, rue Paul-Baudry, à Paris.

La Société des Mines de *Meurchin*, au capital de 2 millions de francs, représenté par 4.000 actions de 500 francs, valant 4.000 francs au 4 janvier 1894. Sa concession, d'une superficie de 2.000 hectares, a produit 278.370^T en 1892 et 150.535^T durant le 1er semestre de 1893. Siège social, à Bauvin (Nord.)

Nœux, à la Compagnie de *Vicoigne et Nœux*, dont il a été fait mention à la section de Vicoigne, département du Nord, a une superficie de 7.969 hectares; l'exploitation qui se fait par sept puits a produit 1.038.396^T en 1892 et 517.220^T durant le 1er semestre de 1893.

Il y a, à Nœux, de magnifiques lavoirs pouvant donner 1.500^T par jour, une usine d'agglomérés donnant 80.000^T et une usine à coke pouvant donner 70.000^T.

La Compagnie des mines d'*Ostricourt*, au capital de 3 millions de francs, représenté par 6.000 actions de 500 francs, actuellement au pair. La concession de 2.300 hectares de superficie, a produit 133.100^T en 1892 et 79.300^T durant le 1er semestre 1893. Elle possède une usine à briquette. Siège social à Oignies (Pas-de-Calais.)

La Compagnie des mines de *Vendin-les-Béthune*, qui exploite une concession de 1.166 hectares et a produit 94.602^T en 1892, 36.000^T durant le 1er semestre 1893. Son siège social est à Annezin (Pas-de-Calais). L'avoir de cette compagnie a été vendu, le 24 février 1894, à la Société anonyme des mines d'Annezin, constituée au capital de 3.000 actions de 500 francs.

Enfin, dans le Boulonnais, les mines de *Hardinghem* qui ont donné 3.000^T en 1892.

Principaux établissements métallurgiques et industriels.

Le département du Pas-de-Calais comptait, en 1892 : 1 usine à fer, 12 fonderies de deuxième fusion et 1 usine à cuivre.

L'usine à fer comprenait :

> 2 hauts-fourneaux.
> 2 foyers Bessemer.
> 6 fours de chaufferie.
> 3 trains de laminoirs.

Elle a produit 77.346^T de fonte et 62.048^T d'acier.

Les fonderies de deuxième fusion ont produit 31.000^T.

Elles occupaient ensemble 2.683 ouvriers.

Biache-Saint-Waast : Usine appartenant à la Société des fonderies et laminoirs de

Biache-Saint-Waast, au capital de 2 millions de francs. Siège social, 28, rue Saint-Paul, à Paris.

Usine à cuivre, à zinc, à laiton et à divers alliages : le cuivre employé provient des cuivres noirs d'Amérique, le zinc vient de l'usine d'Ougrée, appartenant à la même Société. Elle a produit, en 1892, 700^T de cuivre, 15^T de plomb, 15.850^{kg} d'argent et 210^{kg} d'or. Elle a livré, après transformation et élaboration, plus de 6.000^T de cuivre ou de ses alliages.

Elle occupe 950 ouvriers.

Blangy-les-Arras : Fonderies Ketin et fils ; verreries.

Corbehem : Usine de fabrication de tubes de cuivre soudés.

Dannes : Mines et usines à ciments.

Desvres : Usine à ciment, sur la voie ferrée de Saint-Omer à Boulogne, appartenant à la Compagnie nouvelle des ciments, fondée en 1882, au capital de 7 millions de francs.

Elle comprend 25 fours et fournit annuellement 30.000^T de ciment. Elle occupe 225 ouvriers.

Isbergues : Aciérie fondée en 1881, à 500 mètres de la gare des Berguettes ; elle appartient à la *Société des aciéries de France*, au capital de 10 millions de francs, représenté par 20.000 actions de 500 francs. Siège social, 29, quai de Grenelle, à Paris.

Cette Société est concessionnaire des houillères de : Combes, 152 hectares ; Cransac, 176 hectares ; les Issards, 140 hectares ; des mines de cuivre et de plomb de *Pichiguet*, 1.764 hectares ; *le Minier*, 856 hectares ; *Villefranche*, 3.820 hectares, et des mines de galène argentifère de *la Baume*.

Ses houillères ont produit 354.000^T en 1892, et son usine de Villefranche a grillé 14.000^T de blende des mines de *la Baume*.

Elle possède les hauts-fourneaux, aciéries et fonderies d'Isbergues, l'usine d'Aubin, les forges de Grenelle, à Paris.

L'usine d'*Isbergues* comprend : 2 hauts-fourneaux pouvant donner 110 à 125^T chacun ; 1 aciérie de deux convertisseurs Bessemer, divers trains de laminoirs notamment pour rails, 1 fonderie, 1 usine à coke de 66 fours Coppée, 34 fours Bernard et 16 fours Siébel. Elle traite les minerais de Bilbao. Elle a produit en 1892, 77.000^T de fer et 62.000^T d'acier, mais sa production peut atteindre 100.000^T.

Lens : Usine de la Société des *Aciéries Robert*, comprenant une fonderie et des convertisseurs Robert ; elle fabrique principalement des pièces de machines, des roues de wagons, des boites à graisse, et elle vend ses masselottes à diverses aciéries.

Marquise : Forges et fonderies, ateliers de construction de matériel de chemin de fer, situés près de Boulogne. Ses fonderies produisent plus de 100.000^T de tuyaux et ont fourni la canalisation de plusieurs villes en France et en Allemagne. L'usine occupe 1.400 ouvriers.

Il y a aussi à Marquise les hauts-fourneaux de la Société des minerais de fer de la Manche.

Outreau : Hauts-fourneaux de la Société des forges et fonderies de *Montataire*, donnant 40.000^T de fonte.

Orville : Exploitation de phosphates donnant 200.000^T.

Pernes : Exploitation de ciments et de phosphates.

DÉPARTEMENT DE LA SOMME

On peut citer dans ce département : une usine à fer comprenant : 3 fours à puddler, 2 fours à réchauffer, 2 trains de laminoirs, produisant 3.234^T de fers marchands et occupant 130 ouvriers ; 21 fonderies de deuxième fusion, produisant 8.300^T et occupant 650 ouvriers.

Une usine de phosphates produisant 350.000^T, à *Beauval*; 1 usine de blanc de zinc donnant 400^T, à *Montdidier*.

Abbeville : Fonderies, corderies, sucreries exploitées par la Compagnie de Fives-Lille, qui a son siège social, 24, rue Caumartin, à Paris.

DÉPARTEMENT DE L'AISNE

On compte dans ce département : une usine à fer comprenant 7 fours à réchauffer, 4 trains de laminoirs, produisant 811^T de fers marchands et occupant 38 ouvriers· 18 fonderies de deuxième fusion, produisant 21.737^T et occupant 2.181 ouvriers.

On peut citer comme principaux établissements : *Follembray*, grande verrerie, près de Chauny, produisant 12 millions de bouteilles, expédiées en Champagne et à Cognac; elle occupe 350 ouvriers et 100 enfants.

Guise : Fonderie.

Hirson : Fonderies et laminoirs; ateliers de construction.

Saint-Gobain : Manufacture de glaces. La Société de Saint-Gobain exploite les minerais de cuivre et de plomb de Saint-Bel et les pyrites de fer de Chessy (Rhône).

Soissons : Fonderies de fer; usine Zickhel et de la Magdeleine.

Sougland : Fonderies et laminoirs; émailleries, nickelage et étamage de la fonte.

Tergnier : Fonderies; ateliers de construction et de réparation, à la Compagnie du chemin de fer du Nord.

Villers-Cotterets : Fonderies.

DÉPARTEMENT DE L'OISE

Ce département compte : 2 usines à fer comprenant 17 fours à puddler, 2 foyers d'affinerie, 17 fours à réchauffer, 2 fours Martin, 8 trains de laminoirs, produisant 10.987^T de fers marchands, 20.531^T d'acier et occupant 1.157 ouvriers.

9 fonderies de deuxième fusion produisant 1.880ᵀ, avec 162 ouvriers; 1 usine d'aluminium à Creil.

La principale usine est celle de Montataire, appartenant à la Société des forges et fonderie de Montataire, au capital de 3 millions de francs. Siège social, 16, rue Le Peletier, Paris.

Cette Société exploite les minerais de *Bouxière-aux-Dames*, 322 hectares, de *Frouard* 741 hectares, et de *Pompey*, 127 hectares ; elle possède 4 grands établissements métallurgiques : l'usine de *Frouard* qui traite, avec 3 hauts-fourneaux, les minerais de Frouard et de Bouxières-Dames et produit 60.000ᵀ de fonte; l'usine de *Pagny-sur-Meuse*, qui transforme en acier les fontes de Frouard et les envoie à Montataire; l'usine d'*Outreau* et celle de *Montataire*, qui traite les vieux fers.

La Société produit des fers et des tôles de tous genres, mais surtout des tôles minces pour toitures, imitant l'ardoise.

Hardivillier : Exploitation de phosphates donnant plus de 30.000 tonnes.

Sérifontaine : Usines à zinc et à laiton, fonderies de cuivre, de la *Société industrielle et commerciale des métaux*, au capital de 25 millions de francs :

Cette Société possède des usines à Saint-Denis, Givet, Bornel, Sérifontaine, Déville, Paris, Castelsarrazin.

Creil : Ateliers de constructions métalliques *Daydé et Pillé;* usine d'aluminium.

DÉPARTEMENT DE LA SEINE

Ce département compte : 12 usines à fer, comprenant 29 fours à réchauffer, 1 four Martin, 7 fours de cémentation, 4 fourneaux et 12 creusets pour fusion de l'acier, 7 fours de chaufferie, 11 trains de laminoirs; elles produisent 30.726ᵀ de fer, 3.899ᵀ d'acier et occupent 820 ouvriers; 24 fonderies en deuxième fusion donnant 11.055ᵀ et occupant 725 ouvriers; 1 usine à nickel donnant 44ᵀ et occupant 25 ouvriers, et diverses usines à cuivre, à laiton...

Les usines et établissements principaux sont :

Alfortville : Forges et laminoirs.

Batignolles, à la Société de construction des Batignolles, au capital de 5.000.000 francs. Siège social, 176, avenue de Clichy.

Choizy-le-Roi : Grande cristallerie.

Les forges et laminoirs d'*Épinay*, à la Société du même nom, au capital de 300.000 francs. Siège social, 11, rue Le Peletier.

Les forges et ateliers de construction d'*Ivry*, à la Compagnie française du matériel des chemins de fer, au capital de 3.500.000 francs. Siège social, 64, rue Taitbout.

Levallois-Perret (Société de construction de), nouvelle dénomination de la Société des établissements Eiffel, au capital de 3.500.000 francs.

Grenelle : Société de construction des anciens établissements Cail, au capital de

10.000.000 représenté par 20.000 actions de 500 francs, valant 278 francs au 1ᵉʳ mars 1894.

Saint-Denis : Compagnie de construction nouvelle, au capital de 3.800.000 francs : fonderies et laminoirs de la Compagnie française des métaux ; Société des ateliers et chantiers de la Loire, au capital de 19.300.000 francs, qui possède, en plus des ateliers de Saint-Denis, ceux de Nantes et de Saint-Nazaire. Siège social, 11 *bis*, boulevard Haussmann.

Les sociétés industrielles dénommées ci-après dont il ne sera guère parlé ultérieurement, sont mentionnées ici comme ayant leur siège à Paris, savoir :

La Société générale française de traitement et d'exploitation des minerais, au capital de 1.500.000 francs.

Elle est concessionnaire des mines de fer de *Courniou* (Hérault) et des minerais de cuivre et de plomb argentifère de *Tournon* (Ardèche), de *Bouillac* (Aveyron), de *Ville-Vieille* (Puy-de-Dôme). Siège social, 35, rue Boissy-d'Anglas, Paris.

La Compagnie générale des asphaltes de France, au capital de 1.500.000 francs : elle est concessionnaire des mines de Seyssel, Chavaroche, Forens, Gardebois, Armentière, Labourdette.

La Société des usines Franco-Russes, au capital de 12.500.000 francs. Siège social, 19, rue des Pyramides, Paris.

La Société du nickel, au capital de 12.720.000 francs, représenté par 25.440 actions de 500 francs, valant 650 francs à la fin de 1893. Elle possède des mines à Ouaillon, Canala, Thio... et des usines à Birmingham, à Septèmes (Bouches-du-Rhône), à Iserlohn (Westphalie), à Glascow, au Havre. Siège social, 13, rue Lafayette, Paris.

Société des gisements d'or de Saint-Élie, au capital de 4 millions de francs.

DÉPARTEMENT DE SEINE-ET-OISE

Ce département compte une usine à fer, comprenant trois fours à réchauffer, donnant 2.456ᵀ de fers marchands et occupant 80 ouvriers ; 8 fonderies en deuxième fusion, donnant 12.500ᵀ et occupant 332 ouvriers.

Les principaux établissements sont : à *Athis-Mons*, *Petit-Bourg*, *Persan* et *Bornel*, où se trouve la fonderie de cuivre de la Compagnie française des métaux ; cette usine s'occupe plus spécialement de la fonte et du laminage du maillechort.

DÉPARTEMENT DE SEINE-ET-MARNE

Trois fonderies en deuxième fusion, donnant 347ᵀ et occupant 24 ouvriers.

DÉPARTEMENT DE SEINE-INFÉRIEURE

Une usine à fer, comprenant 2 fours à réchauffer, produisant 91ᵀ de fers marchands, avec 10 ouvriers ; 12 fonderies en deuxième fusion, donnant 5.739ᵀ, avec 548 ouvriers ;

1 usine à plomb, donnant 9.086^{kg} d'argent et 1 usine à nickel, donnant 1.200^T; ces deux usines occupent ensemble 335 ouvriers.

Les usines et établissements importants sont :

Eu : Exploitation de phosphates de la Société des phosphates de France.

Le Havre : Établissements des forges et chantiers de la Méditerranée, comprenant des ateliers de construction mécanique, de construction de navires, de matériel d'artillerie pour la guerre et la marine.

Usine de la Société Havraise du nickel, pour le traitement des minerais du Canada.

Sotteville-les-Rouen : Ateliers de construction et de réparation de la Compagnie de l'Ouest.

Déville : Usine à cuivre de la Compagnie française des métaux; fabrication de tubes de cuivre et de laiton.

DÉPARTEMENT DE L'EURE

Une usine à fer comprenant 2 fours à réchauffer, 2 trains à laminoirs, produisant 4.911^T de fers marchands et occupant 150 ouvriers; 10 fonderies en deuxième fusion, donnant 4.214^T et ayant 380 ouvriers.

Conches : Fonderies et forges de l'Eure.

Navarre : Usine à cuivre, tréfilerie.

Romilly-sur-Andelle : Laminoirs et tréfilerie de cuivre.

Rouville : Fonderie, laminoirs et tréfilerie de cuivre.

Rugles : Fonderies, laminoirs et tréfilerie de fer et de cuivre. Elles produisent annuellement 4.000^T de laiton.

DÉPARTEMENT DU CALVADOS

Mine de fer de *Saint-Rémy*, de 750 hectares ; elle a produit 83.137^T et occupe 156 ouvriers; elle envoie ses hématites à l'usine d'Anzin ; six fonderies en deuxième fusion donnant 985^T, avec 65 ouvriers. Une usine à *Dives*, fabriquant des tubes pour chaudières et machines à vapeur. Le cuivre, acheté brut, y est raffiné par le procédé de l'électrolyse. Cette usine, toute récente, n'est achevée que depuis deux ans; elle occupe 150 ouvriers.

DÉPARTEMENT DE L'ORNE

Mine de fer inexploitée d'*Hallouze*, de 1.210 hectares.

1 usine à fer, comprenant 1 four à réchauffer, donnant 11^T de fers marchands et occupant 2 ouvriers.

12 fonderies en deuxième fusion, donnant 3.315ᵀ et occupant 110 ouvriers. Anciens hauts-fourneaux, forges et laminoirs à *Ranes*.

DÉPARTEMENT DE LA MAYENNE

Il compte les exploitations d'anthracite de la *Bazouge*, 3.230 hectares ; l'*Huisserie*, 1.110 hectares ; *Montigné*, 4.150 hectares ; le *Genest*, 714 hectares ; *Saint-Pierre-la-Cour*, 906 hectares, qui ont produit ensemble 57.594ᵀ et occupé 370 ouvriers.

Les concessions inexploitées de *Chaunières*, *Épineux-le-Séguin*, *Gomer*, *Lignières*, *Varennes*.

3 fonderies en deuxième fusion, donnant 5.612ᵀ et occupant 395 ouvriers.

DÉPARTEMENT DE LA SARTHE

L'exploitation d'anthracite de *Sablé*, de 11.657 hectares, donnant 13.111ᵀ et occupant 85 ouvriers; les concessions anthraciteuses inexploitées de *Brulon*, *Monfrou*, *Solesmes*, *Viré*...

1 usine à fer, comprenant : 1 foyer d'affinerie, 1 four à réchauffer, donnant 17ᵀ de fers marchands, avec 4 ouvriers.

10 fonderies en deuxième fusion, donnant 33.231ᵀ, avec 778 ouvriers.

1 usine de laminage de cuivre, à *Aulne*.

DÉPARTEMENT DE LA MANCHE

Mine de fer de *Diélette*, de 345 hectares, appartenant à la Société anonyme des minerais de fer de la Manche, constituée en 1884. Elle a produit 26.920ᵀ et occupé 156 ouvriers.

Le minerai, composé d'oligiste et d'hématite, rappelle ceux de Suède ; il a une teneur variant de 50 à 60 p. 100.

Il est traité dans les hauts-fourneaux de la Société, à *Marquise* (Pas-de-Calais).

4 usines de deuxième fusion, donnant 405ᵀ et occupant 32 ouvriers.

DÉPARTEMENT D'ILLE-ET-VILAINE

1 mine de plomb argentifère et de zinc, de 860 hectares, à *Pontpéan*, appartenant à la Société anonyme commerciale des minerais argentifères de Pontpéan, au capital de 2.000.000 francs. Siège social à Bruz (Ille-et-Vilaine).

Elle a produit, en 1892, 9.463ᵀ de galène et 2.648ᵀ de blende, traitée aux usines de *Couéron* et de *Flaigneux*.

1 mine de pyrite de cuivre donnant 3.012ᵀ.

L'ensemble de ces mines occupe 1.054 ouvriers.

1 usine à fer, comprenant 1 four à réchauffer, donnant 91^T de fers marchands avec 4 ouvriers.

5 fonderies en deuxième fusion donnant 6.200^T et occupant 400 ouvriers. Des ardoisières à *Riadan*.

DÉPARTEMENT DES CÔTES-DU-NORD

1 mine de plomb argentifère et de zinc, à *Trémuzon*, ayant occupé 3 ouvriers aux recherches.

1 usine à fer à Saint-Brieuc, comprenant 1 four à puddler, 2 fours à réchauffer, 3 trains de laminoirs ; elle a produit 3.974^T de fer et 18^T d'acier, avec 105 ouvriers.

2 fonderies en deuxième fusion, donnant 780^T et occupant 69 ouvriers.

DÉPARTEMENT DU MORBIHAN

Usines à fer à *Hennebont*, comprenant 3 fours Martin, 21 fours de chaufferie, 18 trains de laminoirs, produisant 11.260^T d'acier ouvré et occupant 807 ouvriers.

3 fonderies en deuxième fusion, donnant 1.324^T avec 181 ouvriers.

Rochefort-en-Terre, ardoisières dont le principal siège d'exploitation est celui de *Guenfol*, qui produit, à lui seul, 20 millions d'ardoises.

La Villeder, mine d'étain de 17.440 hectares, appartenant à la Compagnie minière du Morbihan. Elle occupe 350 ouvriers pour l'épuisement.

Marais salants produisant 7.332^T de sel et occupant 450 ouvriers.

DÉPARTEMENT DE LA LOIRE-INFÉRIEURE

Le petit bassin houiller de la basse Loire, comprend : la concession de *Montrelais* et *Mouzeil*, de 9.875 hectares, qui a produit 11.740^T et occupé 102 ouvriers, et les concessions inexploitées de *Languin* et des *Touches*.

Il compte, en outre, la mine de fer de *Rougé*, qui a produit 38.210^T, avec 92 ouvriers, et celle inexploitée de *la Jaille-Yvon*.

3 usines à fer, comprenant 6 fours à puddler, 20 fours à réchauffer, 3 foyers Bessemer, 6 fours Martin, 11 trains de laminoirs, produisant 63.988^T de fonte, 19.015^T de fer et 27.998^T d'acier et occupant ensemble 1.920 ouvriers.

1 usine à plomb et à cuivre, à *Couëron*, donnant 42^T d'argent fin, 6.456^T de plomb, 216^T de cuivre, et occupant 243 ouvriers.

Les principales usines sont : les forges et aciéries de *Basse-Indre*, remarquables par la qualité de leurs produits laminés ; les grandes usines de constructions navales d'*Indret*, qui occupent 1.500 ouvriers; les forges et aciéries de *Méons*, près Saint-Nazaire; les hauts-fourneaux, forges et aciéries de *Trignac*, appartenant à la Société du même nom, au capital de 12.100.000 francs. Siège social, 17, rue Lafayette, Paris.

16 fonderies en deuxième fusion, donnant 12.767^T et occupant 446 ouvriers.

Des marais salants donnant 70.017^T de sel marin et occupant 2.000 ouvriers.

DÉPARTEMENT DE MAINE-ET-LOIRE

Il compte les concessions anthraciteuses de *Désert*, 1.184 hectares; *Doué*, 1.590 hectares; *Layon-sur-Loire*, 1.930 hectares; *Montjean*, 1.074 hectares; *Saint-Lambert-du-Latay*, 880 hectares, qui ont produit ensemble 25.793^T et occupé 412 ouvriers; *Désert* et *Chaudefonds*, 1.043 hectares, appartiennent à la *Société des mines de Chalonnes*.

6 mines de fer, exploitées par la Société des mines de fer de l'Anjou et des forges de Saint-Nazaire, et par la Société des forges de Trignac, produisant 8.644^T et occupant 46 ouvriers; parmi elles se trouve celle de *Champigné*.

5 fonderies en deuxième fusion, donnant 611^T et occupant 48 ouvriers.

Des ardoisières à *Angers*, *Fresnaires*, *la Forêt*, 15 millions d'ardoises et 380 ouvriers; *Misengrain*, 4.500.000 ardoises avec 140 ouvriers; *la Pouëze*, 3 millions d'ardoises, 110 ouvriers; *Trélazé*, 37 millions d'ardoises et 2.000 ouvriers.

DÉPARTEMENT D'INDRE-ET-LOIRE

1 aciérie comprenant 3 fours de cémentation et produisant 60^T d'acier, avec 10 ouvriers.

4 fonderies en deuxième fusion, donnant 1.850^T et occupant 140 ouvriers.

DÉPARTEMENT DE LA VENDÉE

L'exploitation houillère a donné 26.843^T et occupé 189 ouvriers.

Les principales concessions sont: *la Boufferie*, 361 hectares; *Cézaïs*, 1.423 hectares; *Faymoreau*, 462 hectares; *la Marzelle*, 2.685 hectares; *Saint-Philbert*, 650 hectares; *la Tabarière*, 524 hectares, appartenant presque toutes à la *Société civile des houillères de Chantonnay*.

Les concessions inexploitées de mines d'antimoine de *la Boupère* et *la Verronnière*.

Marais salants donnant 36.176^T et occupant 2.050 ouvriers.

DÉPARTEMENT DES DEUX-SÈVRES

L'exploitation houillère de *Saint-Laurs*, de 490 hectares, a produit 20.945^T et occupé 166 ouvriers.

2 usines à fer comprenant 1 haut-fourneau et 2 fours de chaufferie, ont donné 60^T d'acier et occupé 12 ouvriers.

5 fonderies de deuxième fusion, donnant 635^T, avec 50 ouvriers.

Enfin, les quatre autres départements de la première région, *Loiret*, *Loir-et-Cher*, *Eure-et-Loir*, *Finistère*, comptaient 22 fonderies en deuxième fusion, produisant 7.332^T et occupant 543 ouvriers.

L'ensemble de la production minérale et métallurgique de la première région, se trouve résumé au tableau ci-après :

PREMIÈRE RÉGION

PRODUCTION MINÉRALE ET MÉTALLURGIQUE

	1892		1893	
	PRODUCTION	OUVRIERS	PRODUCTION	OUVRIERS
Houille et anthracite	15.594.889^T	64.625		
Minerai de fer	156.911	450		
— de plomb argentifère	11.588	1.054		
— de zinc	2.048			
Pyrite de fer	3.012	54		
Sel marin	113.515	4.500		
Fonte	374.312	31.713		
Fer et tôles	390.268			
Acier ouvré	250.160			
Fonderies en deuxième fusion	231.657			
Usines à plomb	6.471			
— à argent	66.936^{kil}	1.701		
— à or	210^{kil}			
— à cuivre	916^T			
— à nickel	1.244			
— à zinc	12.832	»		

DEUXIÈME RÉGION

Tandis que la première région se distingue par la richesse de sa production en combustibles minéraux qui atteint 15.595.000^T, plus de la moitié de la production totale de la France, la deuxième région qui comprend quatorze départements, est caractérisée par l'abondance de ces minerais de fer et la prospérité de ses nombreux établissements métallurgiques.

Parmi ces quatorze départements, celui de Meurthe-et-Moselle occupe le premier rang.

DÉPARTEMENT DE MEURTHE-ET-MOSELLE

Ce département compte 92 mines de fer, ayant produit 2.928.478^T de minerai et occupé 3.773 ouvriers, et des mines de sel gemme, ayant produit 409.544^T et occupé 966 ouvriers.

Les principales mines de fer sont :

Avant-Garde : 277 hectares, appartenant à la Société de Vézin-Aulnoye.

Auboué : 671 hectares, à la Société des hauts-fourneaux et fonderies de Pont-à-Mousson.

Batilly : 688 hectares, à la Société métallurgique de Champigneules et Neuves-Maisons.

Belleville : Concession de 369 hectares, faite en 1892, à la Société des hauts-fourneaux et fonderies de Pont-à-Mousson.

Boudonville : 430 hectares, à la Société de Vézin-Aulnoye.

Bouxières-aux-Dames : 322 hectares, à la Société de Montataire. Elle alimente les hauts-fourneaux de Frouard et produit par jour 350^T de minerai à 40 p. 100.

Brainville : 1.155 hectares, à la Société belge des forges de la Providence.

Buthegnémont : 301 hectares, appartient à la Société des hauts-fourneaux de Maubeuge.

Briey : 1.093 hectares, à la Société du Creusot.

Chaligny : 206 hectares, à la Société des hauts-fourneaux de Val-d'Osne.

Chavigny : 372 hectares; elle appartient à la Société des forges et aciéries du Nord et de l'Est et donne près de 300.000^T; elle alimente les haut-fourneaux de Jarville.

Côte-de-Sion : 495 hectares, à la Société de Champigneules.

Coulmy : 62 hectares, à la Société des aciéries de Longwy. Elle donne 40.000^T.

Croisette : 372 hectares, à la Société métallurgique de Champigneules.

Crusnes : 475 hectares, alimente les usines de Châtillon-Commentry.

Droitaumont : 1.170 hectares, à la Société du Creusot.

Faux : 634 hectares, appartient aux usines de Pompey.

Fleury : 808 hectares, appartient aux usines de Pompey.

Fontaines-des-Roches : 186 hectares, produit plus de 100.000^T et alimente les hauts-fourneaux de Clos-Mortier.

Frouard : 741 hectares, de la Société de Montataire.

Giraumont : 800 hectares, à la Société de Châtillon-Commentry.

Godebrange : 952 hectares, à la Société du même nom ; elle produit plus de 100.000^T. La Société des aciéries de Longwy exploite 16 p. 100; elle alimente aussi les hauts-fourneaux de Senelle.

Hautcourt : 576 hectares, à la Société des hauts-fourneaux de la Chiers.

Herserange et la Moulaine : 804 hectares, à la Société des aciéries de Longwy. Elle produit près de 250.000^T.

Homécourt : 894 hectares, à la Société de Vézin-Aulnoye.

Houdemont : 241 hectares, à la Société anonyme des forges du Nord et de l'Est.

Hussigny : 206 hectares, appartenant par moitié à la Société des aciéries de Longwy et à la Société belge des forges de la Providence ; elle alimente, entre autres, l'usine d'Anzin et produit plus de 450.000^T.

Jarny : 812 hectares, à la Société des hauts-fourneaux de Maubeuge.

Labry : 858 hectares, à la Société de Champigneules et Neuves-Maisons.

Lavaux : 370 hectares, à la Société des forges et aciéries du Nord et de l'Est.

Laxou : 266 hectares, à la Compagnie Dietrich, de Niederbronn.

Lexy : 469 hectares, à la Société belge des forges de la Providence. Elle fournit des minerais aux hauts-fourneaux de Marnaval.

Longlaville : 261 hectares, à la Société des hauts-fourneaux de Saulnes ; elle produit plus de 100.000^T.

Ludres : 416 hectares, à M. Fould-Dupont, alimente les usines de Pompey. Elle fournit annuellement plus de 150.000^T, mais elle a des installations pour une production double.

Malleloy : 723 hectares, à la Société de Champigneules.

Malzéville : 292 hectares ; concédée, le 29 avril 1872, à MM. Colas frères, maîtres de forges à Montiers-sur-Saulx. Elle fournit des minerais aux hauts-fourneaux de Maxéville et de Jarville.

Marbache : 588 hectares, à la Société des hauts-fourneaux et fonderies de Pont-à-Mousson ; elle produit plus de 150.000^T.

Maron-Nord : 246 hectares, à la Société de Champigneules.

Maxéville : 295 hectares, à la Société des forges de Sarrebruck.

Méxy : 236 hectares, à la Société des hauts-fourneaux de Longwy et la Sauvage ; elle fournit des minerais aux hauts-fourneaux de Senelle.

Micheville : 400 hectares, à la Société Ferry, Curicque et Cie ; elle produit plus de 120.000^T.

Moineville : 766 hectares, à la Société des hauts-fourneaux de Longwy et la Sauvage.

Mont-de-Chat : 221 hectares, à la Société des hauts-fourneaux de la Chiers.

Montet : 366 hectares, à la Société des forges de Neukirchen.

Mont-Saint-Martin : 626 hectares, à la Société des aciéries de Longwy.

Moutiers : 696 hectares, à la Société métallurgique de Gorcy.

Pompey : 127 hectares, exploitée par la Société de Montataire. Elle produit plus de 100.000^T.

Réhon : 343 hectares, à la Société des hauts-fourneaux de Longwy et la Sauvage.

Romain : 140 hectares, à la Société métallurgique de Gorcy.

Saulnes : 97 hectares, à la Société des hauts-fourneaux de Longwy et la Sauvage ; elle produit 200.000^T environ.

Senelle : 208 hectares, de la Société des hauts-fourneaux de la Chiers.

Val-de-Fer : 396 hectares, alimente les hauts-fourneaux de Champigneules et de Neuves-Maisons. Elle produit près de 380.000^T.

Val-Fleurion : 426 hectares, de la Société de Champigneules.

Valleroy : 886 hectares, à la Société des hauts-fourneaux de Longwy.

Vieux-Château : 153 hectares, de la Société des hauts-fourneaux de Pont-à-Mousson.

Voiletriche : 341 hectares, de la Société de Champigneules.

Villerupt : 321 hectares, exploitée par la Société de Châtillon-Commentry.

Mines de sel gemme. 409.544^T, 966 ouvriers.

Crévic, Flainval et *Gellenoncourt,* donnant ensemble 50.000^T.

Laneuville, Saint-Nicolas, Sommervilliers et *Varangéville.*

Cette dernière, située à 13 kilomètres de Nancy, sur la voie ferrée de Strasbourg, produit 90.000^T, dont les deux tiers sont vendus tels quels aux usines de produits chimiques, notamment à l'usine Külhman, à Hautmont ; le surplus passe au moulin et se vend à Paris pour la fonte de la neige.

Principaux établissements métallurgiques et industriels.

Le département de Meurthe-et-Moselle compte 24 usines à fer, produisant 1.213.143^T de fonte avec 4.708 ouvriers, 47.410^T de fer avec 2.084 ouvriers, 70.047^T d'acier ouvré avec 1.510 ouvriers.

13 fonderies en deuxième fusion, produisant 49.179^T avec 986 ouvriers.

Les 24 usines à fer comprennent :

> 48 hauts-fourneaux.
> 51 fours à puddler.
> 21 fours à réchauffer.
> 4 fours pour puddlage de l'acier.
> 9 foyers Bessemer.
> 2 fours Martin.
> 4 fourneaux et 16 creusets à fusion.
> 19 fours de chaufferie.
> 31 trains de laminoirs.

Les principaux établissements de Meurthe-et-Moselle sont :

Baccarat : Cristallerie Sainte-Anne, usine de premier ordre dans son genre, produisant à elle seule autant que les autres usines similaires de France. Elle comprend 4 fours Siemens au bois et 2 fours à houille ; elle exporte plus de la moitié de sa production, évaluée à 12 millions de francs ; elle occupe 2.000 ouvriers.

Briey : Forges et hauts-fourneaux, fours à chaux.

Champigneules : Société métallurgique de Champigneules et Neuves-Maisons, au capital de 6 millions de francs ; elle possède les concessions des mines de fer de : Batilly, Côte-de-Sion, Croisette, Labry, Malleloy, Maron-Nord, Val-de-Fer, Val-Fleurion et la Voitetriche, qu'elle exploite en partie.

Son usine, située entre Frouard et Nancy, tire ses fontes de Neuves-Maisons et de Malzéville ; elle fabrique surtout du fer et lamine quelque peu d'acier venant de Longwy. Elle occupe 300 ouvriers. Siège social à Neuves-Maisons (Meurthe-et-Moselle).

Société des mines et hauts-fourneaux de *la Chiers :* au capital de 3.000.000 de francs. Elle est concessionnaire des mines de Hautcourt, Mont-de-Chat, Senelle, dont elle traite les minerais et auxquels elle joint ceux de d'Hussigny et de Grèce.

Son usine est la plus récente du bassin de Longwy et marche depuis 1883 ; elle comprend 2 hauts-fourneaux donnant d'excellente fonte Thomas pour les fers et les aciers de qualité supérieure. Siège social, à Longwy.

Frouard : Usine de la Société de Montataire, sur la voie ferrée de Paris à Nancy et sur le canal de la Marne au Rhin. Elle comprend 3 hauts-fourneaux pour le traitement des minerais de Bouxière-aux-Dames, pouvant donner 70^T de fonte chacun. Le coke vient d'Aniche.

La fonte est vendue en partie, pour le puddlage, aux forges de la Haute-Marne, et l'autre partie est transformée en acier à l'usine de Pagny-sur-Meuse.

Société métallurgique de *Gorcy,* au capital de 3.000.000 francs.

Son usine, située à 6 kilomètres ouest de Longwy, est reliée à la gare belge de Signeulx, d'où les produits rentrent en France par la gare d'Ecouvier ; elle reçoit ainsi, par les chemins de fer belges, les cokes de Belgique et les minerais d'Espagne, de Grèce et du Caucase, débarqués à Anvers.

Elle comprend 2 hauts-fourneaux, 1 fonderie, 1 hall de puddlage de 20 fours, 3 trains de laminoirs, 1 atelier de construction, 1 tréfilerie, pointerie, boulonnerie.

Les hauts-fourneaux produisent 46.000^T de fonte ; le puddlage et le laminage 25.000^T ; la fonderie 3.200^T ; l'atelier de construction 3.000^T ; les tréfileries, pointeries, boulonneries environ 10.000^T. Siège social à Gorcy (Meurthe-et-Moselle).

Hombourg-Haut : Aciérie sur la Moselle et le chemin de fer de Nancy à Metz. Elle produit des outils en acier, pelles, bêches, socs et versoirs de charrues, bandages de roues de voitures, etc. Elle occupe 250 ouvriers et est située à Dieulouard.

Société *Lorraine Industrielle :* Siège social à Hussigny-Godebranche ; au capital de 4.000.000 francs. Son usine d'Hussigny comprend 2 hauts-fourneaux traitant les minerais du Luxembourg.

Jarville : Hauts-fourneaux de la Société des aciéries du Nord et de l'Est ; ils sont au nombre de 5, dont 2 traitent en fonte blanche d'affinage les minerais de Chavigny et de Ludres, les 3 autres marchent en fonte Thomas ; ils peuvent produire 100.000^T de fontes diverses traitées, en grande partie, à l'usine de Trith-Saint-Léger. Ils occupent 400 ouvriers.

Jœuf : Cette usine fondée en 1882, par suite de l'annexion, est tout près de la frontière ; elle comprend 5 hauts-fourneaux, 1 aciérie de 6 convertisseurs Thomas, des lami-

4

noirs. Elle emploie les minerais de Moyeuvre et ceux manganésifères du Laurium et du Nassau. Dans le voisinage se trouve une mine de fer inexploitée, appartenant aux forges d'Hayange (Lorraine-allemande).

L'usine de Jœuf appartient à la maison Wendel, qui possède en outre celles de *Jamailles*, *Moyeuvre* et *Hayange*, en territoire annexé.

Liverdun : Hauts-fourneaux, forges et aciéries.

Société des *Aciéries de Longwy*, au capital de 20 millions de francs. Elle possède des mines, des hauts-fourneaux, des fonderies et aciéries et des ateliers de constructions, à Mont-Saint-Martin.

Elle est concessionnaire des mines d'Hussigny pour 50 p. 100, Mont-Saint-Martin, Gode-brange pour 16 p. 100, et traite leurs minerais concurremment avec ceux du Luxembourg où elle possède des mines, et ceux de Bilbao, de Nassau, de Grèce, du Caucase et de Roma-nèche. Elle tire ses cokes du Nord, de Belgique et d'Allemagne. Le siège social est à Mont-Saint-Martin.

L'usine, située à Mont-Saint-Martin, dans la vallée de la Chiers, a été fondée en 1880, à la suite de la découverte de Thomas Gilcrist et a englobé les deux usines préexistantes. Elle comprend 7 hauts-fourneaux, 3 à Mont-Saint-Martin, 3 au Prieuré et 1 isolé à Moulaine, produisant exclusivement de la fonte de moulage; une aciérie Thomas de 3 convertisseurs produisant surtout des aciers doux et extra-doux; 1 four Martin, des laminoirs à profilés, à tôles et à rails; des fonderies de fonte, de cuivre et d'acier au creuset, des ateliers de construction et d'ajustage.

La Société consomme 38.000^T de houille, 155.000^T de coke, 375.000^T de minerais et fondants; elle produit 280.000^T de minerai, 110.000^T de fontes diverses et 70.000^T d'acier.

Société des hauts-fourneaux de *Longwy et la Sauvage* : au capital de 2.400.000 francs.

Ces hauts-fourneaux, qui appartiennent à la Société en commandite de Saintignon, traitent les minerais de Saulnes, Méxy, Moineville, Réhon et Godebrange, d'une teneur moyenne de 44 p. 100. Ils occupent 80 ouvriers.

Lunéville : Fonderies, forges, aciéries et ateliers de construction; faïenceries.

Micheville : Hauts-fourneaux et fonderies de la Société Ferry, Curieque et Cie, au capital de 2.000.000 de francs.

L'usine a été créée en 1872 et comprend :

2 hauts-fourneaux construits de 1874 à 1879, marchant en fonte d'affinage et traitant les minerais de Micheville et du Luxembourg avec les cokes du Val-Saint-Lambert et du bassin de la Ruhr; ils peuvent donner 250^T par jour.

La fonderie et l'atelier de construction datent de 1883; la fonderie emploie les fontes de moulage de l'usine Franco-Belge de Villerupt; elle produit 7.000^T.

D'après le *Bulletin officiel de la Bourse des métaux et charbons*, du 2 septembre 1893, le capital va être augmenté de 3 millions en vue de compléter l'usine par la construction de deux nouveaux hauts-fourneaux et d'une aciérie.

Neuves-Maisons : Usine de la Société métallurgique de Champigneules et Neuves-Maisons.

Elle comprend 2 grands hauts-fourneaux, situés sur la voie ferrée de Nancy à Mirecourt, au point même où elle coupe la Moselle. Les fontes qui en proviennent sont envoyées aux forges et aciéries de Champigneules et de Liverdun, appartenant à la même Société et à l'usine de Fraisans (Jura).

Les hauts-fourneaux sont alimentés par la mine de Val-de-Fer, située sur les hauteurs voisines.

On a récemment installé, tout près des hauts-fourneaux, une usine à ciment bien aménagée.

Pagny-sur-Meuse : Aciérie de la Société de Montataire, où sont transformées en acier les fontes des hauts-fourneaux de Frouard.

Pompey : Cette usine, située à 6 kilomètres de Nancy, entre le canal de la Moselle et la voie ferrée, appartient à M. Fould; elle a été construite après l'annexion pour remplacer les forges d'Ars-sur-Moselle.

Elle comprend : 2 hauts-fourneaux pouvant donner 120ᵀ chacun de fonte blanche d'affinage, ou 110ᵀ de fonte de moulage; ils traitent les minerais de Messeix et de Ludres, appartenant à l'usine; le coke vient d'Aniche, de Seraing et un peu de Westphalie, 1 atelier de puddlage de 26 fours, 1 four Martin, 1 petite fonderie, 1 chaudronnerie, 3 trains de laminoirs pour fers et pour tôles, des ateliers de construction.

Elle a produit les fers de la Tour Eiffel, à raison de 500ᵀ par mois. Elle occupe 1.200 ouvriers.

Société des hauts-fourneaux et fonderies de *Pont-à-Mousson*, au capital de 2.047.500 fr., représenté par 2.945 actions de 700 francs.

L'usine est située sur la voie ferrée et sur le canal de la Moselle. — Elle comprend 5 hauts-fourneaux, 1 grande fonderie de tuyaux pouvant produire 60.000ᵀ, et 1 atelier de construction et d'entretien.

Elle tire ses minerais d'Auboué, Marbache, Vieux-Château, et ses charbons d'Aniche, Dourges, Douchy et de Westphalie. Elle occupe 1.300 ouvriers.

Réhon : Hauts-fourneaux de la Société belge la Providence.

Société des hauts-fourneaux de *Saulnes*, au capital de 4.500.000 francs. L'usine, fondée en 1873, appartient à la Société Raty et Cᵉ; elle comprend 3 hauts-fourneaux pouvant donner ensemble 225ᵀ. Les minerais viennent des concessions de Longlaville et de Saulnes; le coke vient d'Allemagne et de Belgique, où la Société possède l'usine à coke de Saint-Hubert, à la Louvière.

On a récemment annexé à l'usine, une fabrique de ciments de laitiers.

Senelle : Usine de 2 hauts-fourneaux, dans la vallée de la Moulaine, près de celle de Saulnes. L'un des fourneaux donne 80ᵀ de fonte de moulage et l'autre 100 à 120ᵀ de fonte d'affinage. Ils traitent les minerais de la Côte-Rouge, Godebrange, Méxy, et occupent 170 ouvriers.

Villerupt et *Lavaldieu :* L'usine n'a encore qu'un de ses deux hauts-fourneaux, donnant 80^T de fonte de moulage et traitant les minerais voisins de Loke, Kille et la Gare.

Sa production annuelle est de 25.000^T de fonte, qui sont vendues dans les Ardennes, à la fonderie de Micheville ou exportées en Suisse et en Italie.

La Société des usines de Villerupt s'est adjoint, en 1892, les forges de Lavaldieu, distraites de la Société *Mohon* et *Lavaldieu.*

Enfin, il y a à Villerupt, 1 usine de 2 hauts-fourneaux de la Société de Châtillon-Commentry, traitant les minerais de Villerupt et de Rumelange, et envoyant ses fontes aux forges et aciéries de la Société.

DÉPARTEMENT DE LA MEUSE

Ce département compte : 3 usines à fer produisant 5.979^T de fers marchands, 7.014^T d'acier ouvré, et occupant 397 ouvriers ; 19 fonderies en deuxième fusion, donnant 27.094^T et occupant 1.208 ouvriers.

Ces 3 usines à fer comprennent : 9 fours à puddler, 4 fours à réchauffer, 1 four Martin, 2 fours de chaufferie et 7 trains de laminoirs.

Elles sont situées à Abainville, Commercy et Tusey.

DÉPARTEMENT DES ARDENNES

Il compte : 24 usines à fer, produisant 78.781^T de fer, 23.777^T d'acier et occupant 2.932 ouvriers. — 83 fonderies en deuxième fusion, donnant 64.740^T et occupant 6.107 ouvriers. — Une usine à cuivre produisant 307^T avec 37 ouvriers.

Les 24 usines à fer comprennent :

> 65 fours à puddler.
> 125 fours à réchauffer.
> 1 four Martin.
> 1 four de cémentation.
> 10 fourneaux et 50 creusets de fusion.
> 8 fours de chaufferie.
> 56 trains de laminoirs.

Principaux établissements métallurgiques.

Aubrives : Forges et fonderies sur la voie ferrée, au sud de Givet. L'usine produit notamment des tuyaux de dimensions diverses.

Balan : Fonderies importantes.

Société anonyme des forges de *Brévilly :* Ces forges sont alimentées par les minerais de Sérouville.

Carignan : Fonderies, laminoirs, tréfilerie sur la voie ferrée de Charleville à Montmédy.

Charleville : Fonderies de fer et de cuivre; fabrique d'armes, d'étaux, de crics; clouteries; construction de matériel de chemin de fer.

Flize : Forges.

Flohimont : Fonderie de cuivre, appartenant à la Société industrielle et commerciale des métaux.

Givet : Fonderie de cuivre, à la Société française des métaux. Elle produit des coupoles, des articles de chaudronnerie, des feuilles pour doublage de navires, des fils divers.

Margut : Fonderies et moulages de fonte pour matériel des mines et des chemins de fer.

Messempré : Groupe d'usines appartenant à la Société Bouthmy et Cᶦᵉ, telles que Longchamps, la Fonderie, le Moulin, Osnes, Margut et Messempré. L'usine de Messempré fabrique des tôles d'acier fines; elle comprend 3 fours à réchauffer et des laminoirs. L'usine d'*Osnes* fabrique des tôles d'acier et des fers marchands; elle comprend 5 fours à puddler, 1 four à réchauffer, 4 fours dormants, des laminoirs.

Mohon : Clouterie située près du confluent de la Meuse et de la Vence. Les tôles à clous sont fabriquées à l'usine avec des fontes de Longwy, traitées dans 4 fours à puddler et laminées ensuite.

Monthermé : Anciennes usines achetées et reprises comme fonderie et émaillerie par la Société anonyme des fonderies de *Monthermé* et *Lavaldieu*, au capital de 750.000 francs.

Fumay : Fonderies et usines d'émaillage de M. Boucher.

Ardoisières.

Fumay : Exploitation très importantes produisant plus de 60 millions d'ardoises et occupant 1.500 ouvriers.

Haybes : Exploitation de l'Espérance, produisant environ 17.000ᵀ, comportant 24 millions d'ardoises; elle occupe 300 ouvriers.

Rimogne : Très anciennes ardoisières dont l'exploitation remonte à 1230; elles produisent 18.000ᵀ, exportées en Angleterre, en Allemagne et en Australie.

DÉPARTEMENT DE LA MARNE

On ne compte, dans ce département peu industriel, que 14 fonderies en deuxième fusion, produisant 4.693ᵀ et occupant 324 ouvriers, et les hauts-fourneaux et fonderies, forges, tréfilerie, pointerie *Denouvilliers* et fils, à Sermaise.

DÉPARTEMENT DE L'AUBE

2 usines à fer, comprenant 4 fours à puddler, 3 fours à réchauffer, 4 trains de laminoirs, produisant 4.177ᵀ de fer, 3.300ᵀ d'acier et occupant 187 ouvriers.

5 fonderies en deuxième fusion, donnant 1.492ᵀ et occupant 85 ouvriers.

Messy-sur-Seine : Tréfilerie, pointerie.

Plaines : Tréfilerie de la Compagnie de Châtillon-Commentry.

DÉPARTEMENT DE LA HAUTE-MARNE

Mines de fer de *Sommevoire* et de *Vassy*, produisant 126.631^T et occupant 324 ouvriers.

On y compte, comme établissement métallurgiques, 20 usines à fer, comprenant : 11 hauts-fourneaux, 50 fours à puddler, 37 fours à réchauffer, 1 four Martin, 41 trains de laminoirs, produisant 60.760^T de fonte, 64.303^T de fer, 26.389^T d'acier et occupant 4.017 ouvriers.

20 fonderies en deuxième fusion donnant 41.511^T et occupant 1.986 ouvriers.

Les principaux établissements métallurgiques, sont :

Brousseval : Hauts-fourneaux appartenant à la Société des hauts-fourneaux et fonderies de Brousseval, au capital de 1.200.000 francs. Ils tirent leurs minerais de la mine de Flayémont. Le siège social, à Brousseval (Haute-Marne.)

Bussy : Hauts-fourneaux et ateliers de construction.

Clos-Mortier : Hauts-fourneaux et forges de la Société des forges de Champagne et du canal de Saint-Dizier. Ils traitent les minerais de Lafontaine-des-Roches.

La Société des forges de Champagne et du canal de Saint-Dizier, au capital de 10 millions de francs, possède les hauts-fourneaux et forges de Clos-Mortier, de Vassy, de Saint-Dizier et les hauts-fourneaux de Marnaval. Siège social à Saint-Dizier.

Eurville : Forges et fonderies situées au sud-est de Saint-Dizier, sur la Marne et la voie ferrée de Blesmes à Chaumont. Elles comprennent 8 fours à puddler, 1 four Martin, 2 trains de laminoirs et tirent leurs fontes de Longwy. Il y a, en outre, une tréfilerie et un atelier de galvanisation.

Elles produisent 7.500^T de fer et 7.640^T d'acier.

Marnaval : Hauts-fourneaux, forges et laminoirs, à 4 kilomètres de Saint-Dizier, tirant leurs minerais de Lexy-aux-Forges; ils fournissent des fontes à l'usine de Fraisans (Jura).

Rachecourt : Haut-fourneaux, forges et laminoirs.

Saint-Dizier : Hauts-fourneaux, forges et aciérie; tréfilerie.

Sommevoire : Hauts-fourneaux et fonderies.

Val-d'Osne : Hauts-fourneaux, forges et fonderies à la Société de Val-d'Osne au capital de 2.500.000 francs; elle tire ses minerais de Chaligny. Siège social, boulevard Voltaire, 58, Paris.

Vassy : Hauts-fourneaux et forges.

Tonnance-les-Joinville : Hauts-fourneaux.

DÉPARTEMENT DES VOSGES

2 mines de lignite produisant 908^T et occupant 13 ouvriers. La production avait été de 3.000^T en 1891.

4 usines à fer comprenant : 1 foyer d'affinerie, 7 fours de chaufferie, 6 trains de laminoirs et produisant 223^T de fer, 1.670^T d'acier en occupant 160 ouvriers.

16 fonderies en deuxième fusion, donnant 3.707^T et occupant 274 ouvriers.

TERRITOIRE DE BELFORT

Mine de fer de *Grabonnières*.

Mines de plomb et de cuivre donnant 25^T de minerai de plomb, 193^T de minerai de cuivre et occupant 115 ouvriers. La mine est située à Giromagny.

Une aciérie comprenant 1 four Siemens, 2 fours de chaufferie, 3 trains de laminoirs, produisant 4.032^T d'acier et occupant 130 ouvriers.

7 fonderies en deuxième fusion, donnant 3.587^T avec 268 ouvriers.

DÉPARTEMENT DE LA HAUTE-SAONE

Combustible.

7 mines de houille donnant 208.088^T et occupant 1.357 ouvriers; 1 mine de lignite donnant 9.647^T et occupant 140 ouvriers.

Les concessions les plus importantes de ce département, sont :

Athésans : Houillère inexploitée de 1.087 hectares, à la Cie de Gouhenans.

Corcelle : Houillère inexploitée de 1.485 hectares, à la Société Gouhenans.

Éboulets : Houillère de 1.853 hectares, à la Société houillère de Ronchamp.

Gouhenans : Mine de lignite de 1.378 hectares, à la Société de Gouhenans qui consomme ses produits.

Ronchamp : Houillère située sur la voie ferrée de Paris à Mulhouse, dans la vallée de Rahin, à 20 kilomètres au nord-ouest de Belfort.

Vy-les-Lure : Houillère inexploitée de 973 hectares, appartenant à la Société de Gouhenans.

Minerais de fer.

6 mines de fer peu importantes ont donné 1.714^T et occupé 25 ouvriers.

Les concessions sont celles de : *Fleurey*, 137 hectares ; *Jussey*, 379 hectares ; *Mont-de-Norroy*, 484 hectares ; *Servance*, 71 hectares, et *Villefaux*, 333 hectares.

On y trouve aussi les concessions inexploitées de mines de manganèse de *Esmoulières*, 308 hectares, et *Faucogney*, 532 hectares, à la Société de Gouhenans.

Enfin des mines de sel gemme, donnant 8.771^T et occupant 42 ouvriers.

Principaux établissements métallurgiques et industriels.

5 usines à fer comprenant : 1 haut-fourneau au bois, 1 foyer d'affinerie, 12 fours de

chaufferie, 5 trains de laminoirs, produisant 1.671^T de fonte, 209^T de fer, 1.167^T d'acier ouvré et occupant 84 ouvriers.

20 fonderies en deuxième fusion, donnant 7.248^T et occupant 630 ouvriers.

Les principales usines sont à Baignes, Étravaux, la Romaine, Scey-sur-Saône, Vy-le-Ferroux et Couhenans. Cette dernière donne du sel raffiné, de la chaux hydraulique, des produits chimiques.

DÉPARTEMENT DE LA CÔTE-D'OR

Combustible.

2 mines de houille et d'anthracite, à Aubigny-la-Ronce et à Sincey-les-Rouvray, ont produit 9.943^T et occupé 207 ouvriers.

Mine de fer inexploitée de Marsanay, 450 hectares.

Établissements métallurgiques.

5 usines à fer comprenant : 5 fours à puddler, 1 foyer d'affinerie, 5 fours à rechauffer, 1 four de cémentation, 2 fourneaux et 4 creusets à fusion, 4 fours de chaufferie, 7 trains de laminoirs, ont produit 7.555^T de fer, 3.252^T d'acier et occupé 490 ouvriers.

13 fonderies en deuxième fusion, donnant 3.610^T avec 280 ouvriers.

Les principales usines sont :

Ampilly : Tréfilerie de la Compagnie Châtillon-Commentry.

Chamesson : Hauts-fourneaux et fonderies; tréfileries de la Compagnie de Châtillon-Commentry.

Chenecières : Forges et tôleries.

Châtillon-sur-Seine : Hauts-fourneaux et forges de la Compagnie de Châtillon-Commentry.

Hermitage (L') : Hauts-fourneaux.

Lacanche : Hauts-fourneaux et fonderies.

Sainte-Colombe : Anciennes usines de la Compagnie Châtillon-Commentry, fermées depuis 1886.

DÉPARTEMENT DE L'YONNE

1 usine à fer comprenant : 1 four à réchauffer, produisant 18^T de fer avec 2 ouvriers.

8 fonderies en deuxième fusion, donnant 986^T avec 56 ouvriers.

Les anciens hauts-fourneaux, forges et laminoirs d'*Ancy-le-Franc*, à la Compagnie de Châtillon-Commentry, fermés depuis 1886, produisaient 15.000^T de fers profilés.

DÉPARTEMENT DU DOUBS

6 usines à fer comprenant : 6 foyers d'affinerie, 10 fours à réchauffer, 1 four Martin, 18 trains de laminoirs, ont produit 9.357^T de fer, 10.596^T d'acier et occupé 660 ouvriers.

12 fonderies en deuxième fusion ont donné 3.100^T et occupé 220 ouvriers.

L'exploitation du sel gemme, donnant 25.253^T, a occupé 122 ouvriers, à *Mizerey*.

Il faut citer encore les concessions de minerais de fer actuellement inexploitées de *Souvance*, 79 hectares, et de *Exincourt*, 285 hectares, et les schistes bitumineux de *Mouthiers*.

Les principales usines sont :

Audincourt : Forges et tôleries, à la Compagnie des forges d'Audincourt, au capital de 4.500.000 francs. — Elle exploite les minerais de *Grabonnières* (territoire de Belfort). Siège social à Audincourt (Doubs).

Laissey : Anciens hauts-fourneaux, au Creusot.

Hérimoncourt : Fonderies, laminoirs et tréfilerie de cuivre.

Ornans · Tréfilerie et clouterie.

Saint-Hippolyte : Forges, visserie, tréfilerie.

Valentigney : Forges Peugeot.

Vuillafans : Usines et fonderies de la Société de Vuillafans, au capital de 689.000 francs. Siège social à Vuillafans (Doubs).

Besançon est le siège de la Société des hauts-fourneaux, fonderies et forges de *Franche-Comté*, au capital de 18.741.500 francs. Cette Société possède les mines de fer de *Grand-Vaux*, *Ougney*, *Romange* et l'usine de *Fraisans*, dans le Jura.

DÉPARTEMENT DU JURA

Combustible.

Mines inexploitées de houille à *Grozon*, 1.100 hectares à la Société des Salines de l'Est ; de lignite à *Vercia*, 270 hectares.

Minerais de fer : L'exploitation a donné 1.696^T et occupé 6 ouvriers.

Les mines concédées sont :

Fangy : 226 hectares.

Grand-Vaux : 331 hectares, à la Société des hauts-fourneaux et forges de *Franche-Comté*.

Laffand : 320 hectares, à la Compagnie de Saint-Chamond.

Malauge : 318 hectares.

Ougney : 316 hectares, à la Société des hauts-fourneaux et forges de *Franche-Comté*.

Pagney : 209 hectares, à la Compagnie de Saint-Chamond.

Romange : 190 hectares, à la Société de Franche-Comté.

5

Etablissements métallurgiques.

5 usines à fer comprenant : 7 fours à puddler, 1 foyer d'affinerie, 1 four Martin, 13 fours de chaufferie et 14 trains de laminoirs, ont produit 12.418^T de fer, 13.286^T d'acier et occupé 1.170 ouvriers.

11 fonderies en deuxième fusion ont donné 3.250^T et occupé 250 ouvriers.

L'usine la plus importante est celle de *Fraisans*, qui appartient à la Société des hauts-fourneaux, forges et fonderies de Franche-Comté.

Elle tire ses charbons d'Épinac et de Montceau-les-Mines, et ses fontes de Neuves-Maisons, Marnaval et Givors; elle reçoit en outre des aciers déphosphorés de Jœuf. Elle produit des fers et aciers profilés de toute nature, des tôles, des fils de fer galvanisés. Elle comprend aussi des ateliers de construction.

Enfin, les mines de sel gemme ont produit 26.700^T et occupé 146 ouvriers.

DÉPARTEMENT DE SAÔNE-ET-LOIRE

15 mines de charbons exploitées ont produit 1.755.648^T et occupé 10.123 ouvriers.

Les principales concessions et exploitations sont :

Les Badeaux : 591 hectares, à la Compagnie de Blanzy.

Blanzy : A la Compagnie des mines de Blanzy, au capital de 15 millions de francs représenté par 30.000 actions de 500 francs, valant 1.770 francs en octobre 1893. Siège social, boulevard Haussmann, 69, Paris.

Cette Compagnie exploite les deux grandes concessions de Blanzy et de Montceau-les-Mines, d'une superficie totale de 20.764 hectares. Les mines de *Blanzy*, proprement dites, ont une surface de 4.255 hectares et donnent 600.000^T.

L'exploitation a donné un bénéfice net de 4.119.000 francs, assurant un dividende de 80 francs par action.

La Chapelle-sous-Dun : Houillère de 750 hectares, appartenant à la Société du même nom; elle a produit 54.638^T.

Le Creusot : Houillère de 6.211 hectares, donnant 120.000^T.

Les Crépins : Houillère de 465 hectares, à la Compagnie de Blanzy.

Épinac : Houillère de 6.241 hectares, à la Société des houillères et du chemin de fer d'Épinac, au capital de 1.700.000 francs, représenté par 3.400 actions de 500 francs, valant 600 francs au 1er mars 1894. La Société possède, en outre, les concessions de *Pauvray*, 1.048 hectares, *Sully*, 1.758 hectares, et occupe la partie orientale du bassin d'Autun. Elle produit 115.000^T environ et fabrique du coke au moyen de deux batteries de 30 fours belges.

Elle date de 1830 et inaugura, en 1836, le chemin de fer d'Épinac à Pont-Douche, sur le canal de Bourgogne, où elle embarquait ses produits. Mais la fermeture de la verrerie d'Épinac, en 1879, et des usines d'Ancy-le-Franc et de Sainte-Colombe, en 1886, ont considérablement diminué ses affaires. Siège social, rue de Londres, 13, Paris.

Longpendu : Houillère de 710 hectares, appartenant au Creusot.

Montceau-les-Mines : C'est le siège de l'exploitation de la Compagnie de Blanzy. Il comprend les concessions de Crépins, les Perrins, les Perrots, Ragny, Saint-Berain-sur-Dheune et la Theurée, d'une superficie totale de 16.500 hectares.

Montchanin : Exploitation houillère de 1.716 hectares, appartenant au Creusot. Elle produit 100.000^T environ.

Perrecy-les-Forges : Houillère de 3.930 hectares, à la Société charbonnière du Centre.

Saint-Berain-sur-Dheune : Houillère de 1.200 hectares et usine d'agglomérés du centre d'exploitation de Montceau-les-Mines.

Mines de fer et de manganèse.

L'exploitation de 3 mines de fer a produit 120.072^T et occupé 249 ouvriers.

La principale exploitation est celle de *Mazenay*, 1.091 hectares, exploitée par le Creusot. — Les autres concessions sont :

Chalancey, 165 hectares, au Creusot; *Change*, 1.062 hectares, au Creusot; *Perrecy-les-Forges*.

Il y a lieu de citer encore comme mines métalliques : la mine de pyrite de fer et de cuivre de *Chizeuil*, 635 hectares; la mine de manganèse de *Romanèche*, 500 hectares, à la Société des mines de manganèse de *Saône-et-Loire, Rhône et Allier*, qui donne 12.232^T et occupe 174 ouvriers.

Schistes bitumineux.

L'exploitation des schistes bitumineux a produit 144.659^T et occupait 528 ouvriers.

Les principaux centres d'exploitation et de distillation sont :

Chambois : Concession de 1.130 hectares, à la Société Lyonnaise.

La Comaille : Exploitation et usine de distillation.

Igornay : Concession de 522 hectares et usine de distillation.

Margenne : Exploitation et usine de distillation.

Millery : Concession de 122 hectares, à la Société Lyonnaise.

Muse : Exploitation et usine.

Ravelon : Exploitation de 610 hectares et usine à la Société Lyonnaise.

Le Ruet : Exploitation, usines de distillation et de rectification.

Les Télots : Exploitation à 4 kilomètres d'Autun; les schistes sont distillés à l'usine même des Télots et transportés ensuite à l'usine d'épuration de Saint-Léger, qui appartient à la Société Lyonnaise des schistes bitumineux et qui épure tous les produits des mines et usines de Margenne, Ravelon, Igornay et les Télots.

Surmoulin : Mine de bitume de 1.030 hectares, à la Société Lyonnaise.

Établissements métallurgiques et industriels.

2 usines à fer ont produit 92.338^T de fonte, 83.496^T de fer, 66.158^T d'acier et occupé 5.545 ouvriers.

12 fonderies en deuxième fusion ont produit 12.258^T et occupé 422 ouvriers.
Les 2 usines à fer comprenaient :

4 hauts-fourneaux.
42 fours à puddler.
1 foyers d'affinerie.
48 fours à réchauffer.
3 foyers Bessemer.
7 fours Martin.
24 fours de chaufferie.
33 trains de laminoirs.

Blanzy : Fours à chaux, verrerie avec fours de fusion chauffés au gaz.

Le Creusot : L'usine du Creusot, qui est l'établissement sidérurgique le plus considérable de l'Europe, appartient à la Société du Creusot, au capital de 27 millions de francs. Siège social, 56, rue de Provence, Paris.

Elle possède des usines au Creusot, à Mazenay, à Laissey (Doubs), à Allevard, à Saint-Georges (Savoie); des ateliers à Chalon-sur-Saône, construisant exclusivement des ponts métalliques, des charpentes, du matériel pour l'artillerie et les chemins de fer, des bateaux, des torpilleurs; une usine de produits réfractaires à Perreuil; des mines de houille à la Machine, le Creusot, Longpendu, Montchanin, Beaubrun, Brassac, Fourneaux; des concessions de minerais de fer à Laissey, le Bout, la Croix-Reculet, la Génivelle, Girodet, Paturel, Prétermont, Briey, Chalencey, Droitaumont, Change, Mazenay, Bissorte, Filon-Vieux, les Fosses, Freney, Grand-Filon, le Monio, Auxiput, les Envers-Nord, Plan-du-Fol, les Tavernes.

Les usines consomment en outre les minerais de Mokta-el-Hadid, de Bilbao, de l'île d'Elbe.

L'usine du Creusot comprend 4 hauts-fourneaux, donnant par jour 50^T de fonte d'affinage, 50^T de fonte supérieure et 65^T de fonte de déphosphoration; une grande forge, un hall de puddlage, de laminage, de finissage de rails; une aciérie avec outillage pour aciers Bessemer, Martin et Thomas; un atelier de forgeage à vapeur avec marteau-pilon de 100^T; des ateliers de construction avec fonderie, petite forge et chaudronnerie.

Le coke y est fabriqué au moyen de 245 fours, avec les charbons du Creusot, de Saint-Étienne et de Montceau-les-Mines.

La Société occupe 16.000 ouvriers, dont 9.000 dans les usines et 7.000 dans les mines et houillères.

Gueugnon : Usine sur l'Arroux, à 14 kilomètres au nord de Digoin, sur le canal. Elle comprend : 2 fours à puddler, 1 four Martin, 5 trains de laminoirs, 4 trains de cisailles; elle produit mensuellement 800^T de fontes minces étamées et 300^T de tôles noires pour lesquelles elle emploie les aciers qu'elle achète. Elle occupe 270 ouvriers.

Mazenay : Hauts-fourneaux, à la Société du Creusot; ils traitent sur place les minerais de la mine.

L'ensemble de la production minérale et métallurgique de la deuxième région se trouve résumé dans le tableau suivant :

DEUXIÈME RÉGION.

PRODUCTION MINÉRALE ET MÉTALLURGIQUE.

	1892		1893	
	PRODUCTION	OUVRIERS	PRODUCTION	OUVRIERS
Houille et anthracite.	1.973 679^T	11.687		
Lignite.	10.555	453		
Minerai de fer	3.178.591	4 367		
— de plomb argentifère.	25			
— de cuivre.	193	289		
— de manganèse	12.312			
Schistes bitumineux.	144.659	528		
Sel gemme.	470.269	1.276		
Usines :				
Fonte	1 367.912			
Fers et tôles.	313.926	36.871		
Acier ouvré	230.682			
Fonderies de deuxième fusion	226.455			
Cuivre.	307	307		

TROISIÈME RÉGION

Tandis que la première région est caractérisée par sa production considérable de combustible, et la deuxième région par l'abondance et la richesse de ses minerais de fer, la troisième région produit simultanément de la houille et du fer et quelques autres minerais que l'on ne trouve pas dans les deux premières.

Elle comprend 16 départements.

DÉPARTEMENT DE LA NIÈVRE

Combustible.

Une exploitation de houille de 8.010 hectares, à la Machine, près Decize, appartenant à la Société du Creusot, a produit 137.535^T et occupé 1 343 ouvriers. Elle a un atelier de triage et de lavage très bien installé.

Principaux établissements métallurgiques.

3 usines à fer ont produit 10.700ᵀ de fer, 21.087ᵀ d'acier ouvré.

6 fonderies en deuxième fusion ont donné 5.215ᵀ.

L'ensemble de ces établissements a occupé 1.653 ouvriers.

Les 3 usines à fer comprennent :

> 8 fours à puddler.
> 5 foyers d'affinerie.
> 15 fours à réchauffer.
> 1 four à puddler l'acier.
> 7 fours Martin.
> 2 fours et 27 creusets à fusion.
> 8 fours de chaufferie.
> 12 trains de laminoirs.

Fourchambault : Forges, fonderies et tôleries, appartenant à la Société de Commentry-Fourchambault. L'usine produit surtout des fers laminés, des feuillards, des aciers doux et extra-doux, des fils de fer, fils télégraphiques, essieux pour wagons, pour l'artillerie et pour le commerce ; elle tire ses excellentes fontes de Montluçon. Elle comprend : 8 fours à puddler, 3 fours Martin, 6 trains de laminoirs, 1 fonderie de 4 cubilots et 2 fours à réverbère, 1 atelier de grosse forge, des ateliers de chaudronnerie, de construction.

Tout l'outillage de l'usine a été ou est en transformation et il avait été question de réorganiser les usines d'Imphy et de la Pieque. Cette dernière a été récemment vendue à la Société *Bouchacord, Magnard et Cⁱᵉ*.

Guérigny : Forges dites de la Chaussade, voisines de Fourchambault. Elles produisent surtout des plaques de fonte, des étambots et des étraves, des chaînes et des ancres.

Le fer y est produit soit par puddlage, soit par affinage au bois ; les aciers viennent de Montluçon et de Longwy et les fontes en grande partie de Labouheyre (Landes).

Imphy : L'aciérie d'Imphy, située à 10 kilomètres de Nevers, appartient à la Société de Commentry-Fourchambault. Elle produit des aciers Martin classés en 10 catégories. Elle comprend : 3 fours Martin, 1 fonderie d'acier au creuset de 2 fours, 1 forge, des laminoirs, des ateliers. Elle ne fabrique guère que de petites pièces, telles que ressorts, rondelles Belleville, pelles, limes. Elle tire ses charbons de Commentry, Montvicq, Saint-Éloi, mines de la Société.

DÉPARTEMENT DU CHER

Une exploitation de minerai de fer, à Saint-Florent, appartenant à la Société du Creusot, a produit 53.580ᵀ et occupé 440 ouvriers.

2 usines à fer, comprenant 4 hauts-fourneaux, ont produit 10.800ᵀ de fonte.

9 fonderies en deuxième fusion ont donné 14.106ᵀ. L'ensemble des hauts-fourneaux et des fonderies occupait 983 ouvriers.

Mazières et Rosières : Forges et fonderies, ateliers de construction.
Torteron : Hauts-fourneaux de la Société de Commentry-Fourchambault.

DÉPARTEMENT DE L'INDRE

Concession de mine de manganèse de 1.403 hectares, à *Chaillac.* Elle a produit 428ᵀ et occupe 11 ouvriers.

Concession de mine de plomb argentifère d'*Urciers*, actuellement inexploitée.

6 fonderies en deuxième fusion donnant 403ᵀ et occupant 41 ouvriers.

DÉPARTEMENT DE L'ALLIER

Combustible.

12 exploitations de houille, occupant 4.886 ouvriers, ont produit 955.337ᵀ.

Bert : Houillère de 1.055 hectares, à la Société des mines de Bert, au capital de 3.000.000 de francs; elle est située dans le canton de Jaligny, arrondissement de la Palisse, et a produit 43.000ᵀ.

Bézenet : Houillère de 97 hectares, à la Compagnie de Châtillon-Commentry. Elle renferme aussi du fer. Elle a 2 puits d'extraction, un atelier de triage et de lavage, donne 158.000ᵀ et occupe 950 ouvriers.

Commentry : Exploitation houillère de 2.075 hectares, à la Société de Commentry-Fourchambault, produisant environ 450.000ᵀ.

Deneuille : Houillère de 798 hectares, dans l'arrondissement de Gannat, appartenant au comte de Pontgibaud.

Doyet : Houillère de 167 hectares, à 18 kilomètres de Montluçon, exploitée depuis 1835 et devenue, en 1863, la propriété de la Compagnie des forges de Châtillon-Commentry. Elle produit 40.000ᵀ environ.

Les Ferrières : Houillère de 660 hectares, à la Société des forges de Châtillon-Commentry. Elle produit 50.000ᵀ environ.

Montvicq : Houillère de 294 hectares, à la Société Commentry-Fourchambault. Elle a 2 puits d'extraction et produit 200.000ᵀ environ.

Schistes bitumineux.

Mines produisant 53.445ᵀ et occupant 167 ouvriers.

Buxière-les-Mines : Centre d'exploitation comprenant les concessions de Buxière-la-Grue, la Courolle, les Plamores et Saint-Hilaire, d'une superficie totale de 2.610 hectares.

Les Justices : Usines d'épuration pour les exploitations de Buxière et la Courolle.

Mines métalliques.

Charrier-la-Prugne : Mine de cuivre et de plomb argentifère de 708 hectares. Petite fonderie.

Nades : Mine d'antimoine.

Saligny : Mine de manganèse, de 340 hectares. Elle a produit 722^T et occupé 7 ouvriers.

Principaux établissements métallurgiques et industriels.

3 usines à fer ont produit 32.705^T de fonte, 30.598^T de fer et 27.200^T d'acier.

8 fonderies en deuxième fusion ont produit 7.388^T.

L'ensemble de ces établissements occupait 3.012 ouvriers.

Les 3 usines à fer comprennent :

> 2 hauts-fourneaux.
> 13 fours à puddler.
> 4 foyers d'affinerie.
> 34 fours à réchauffer.
> 2 fours à puddler l'acier.
> 10 fours Martin.
> 2 fours de cémentation.
> 2 fours et 48 creusets pour fusion.
> 10 trains de laminoirs.

Commentry : Usine appartenant à la Compagnie des forges de Châtillon-Commentry, au capital de 12.500.000 francs, représenté par 25.000 actions de 500 francs, valant 715 francs au 12 juillet 1894 et donnant un revenu de 32 francs. Siège social, 19, rue de La Rochefoucauld, Paris.

Cette Compagnie possède les usines du groupe du Châtillonnais, celles de Commentry, de Montluçon, d'Ancy-le-Franc (Yonne), du Tronçais (Allier), de Saint-Montaud (Gard).

L'usine de Commentry avait été, dans le principe, une glacerie, transformée, dès 1844, en un établissement métallurgique et, en 1863, l'ancienne Société fut reconstituée sous son nom actuel.

Elle tire ses minerais de la Nièvre, du Cher, de l'Indre et des exploitations qu'elle fait elle-même à Bézenet, Crusnes, Giraumont, Villerupt, Djebel-Hadid, Chaillac (Indre), pour le manganèse. Elle envoie une partie de ses fontes à son usine Saint-Jacques, à Montluçon. Elle comprend : 3 hauts-fourneaux, 12 fours à puddler, des laminoirs, une tôlerie et une usine d'étamage, et produit 15.000^T de fers laminés et 15.000^T de fers divers.

La Compagnie a construit, dans ces derniers temps, 32 coupoles tournantes pour la Belgique.

Commentry-Fourchambault (Société anonyme de), au capital de 15.750.000 francs, représenté par 31.500 actions de 500 francs, valant 705 francs au 12 juillet 1894, et donnant un revenu de 35 francs. Siège social, 16, place Vendôme, Paris.

Cette Société possède des exploitations houillères à Commentry, Montvicq et des établissements métallurgiques qui sont : les forges et fonderies de Fourchambault, les usines d'Imphy, les hauts-fourneaux de Torteron (Cher) et de Montluçon.

Elle s'est fusionnée, en 1892, avec la Société nouvelle des houillères et fonderies de l'Aveyron.

Montluçon : Hauts-fourneaux et fonderies de la Société de Commentry-Fourchambault ; ils traitent les minerais du Berry, de Mondalazac, Lunel et Kaymar et de l'étranger.

Usine *Saint-Jacques*, de la Compagnie des forges de Châtillon-Commentry ; elle produit des grosses plaques de blindage, des projectiles, des bandages de roues, pour un poids total de 100.000^T environ ; elle a une presse hydraulique de 4.000^T, et occupe 2.000 ouvriers.

Fabrique de glaces de la Société de *Saint-Gobain*.

Le Tronçais : Forges, laminoirs, tréfilerie et câblerie de la Compagnie de Châtillon-Commentry.

DÉPARTEMENT DE LA CREUSE

Combustible.

3 concessions de houille, occupant 1.360 ouvriers, ont produit 204.916^T.

Ahun : Houillère de 2.080 hectares, à la Compagnie des houillères d'Ahun, au capital de 4 millions de francs, représenté par 8.000 actions de 500 francs libérées. La Compagnie a fait ultérieurement une émission de 12.000 obligations de 250 francs, remboursables à 312^f,50, par tirages annuels, jusqu'en 1909. Siège social, 15, rue de la Chaussée-d'Antin, Paris.

Bosmoreau : Mine d'anthracite de 664 hectares, donnant 12.000^T environ, et occupant 65 ouvriers.

Mine d'étain.

Montebras, produisant 11^T de minerai valant environ 1.200 francs la tonne, et occupant 39 ouvriers.

DÉPARTEMENT DE LA CORRÈZE

1 mine d'anthracite, occupant 51 ouvriers, a produit 2.662^T.

1 mine d'antimoine, occupant 39 ouvriers, a donné 201^T.

2 fonderies en deuxième fusion, occupant 5 ouvriers, ont produit 65^T.

Les mines de combustible concédées dans ce département, sont :

Argentat : Houillère de 1.139 hectares, ayant donné 300^T.

La Burande : Houille et anthracite, de 650 hectares.

Cublac : houillère ayant donné 2.400^T.

Mines métalliques.

Dereix : Mine de fer de 461 hectares, exploitée naguère par la Société nouvelle des houillères de Champagnac.

6

Chanac : Mine de plomb et d'antimoine de 553 hectares.

Meymac : Mine de plomb, antimoine et bismuth.

DÉPARTEMENT DU PUY-DE-DÔME

6 exploitations de houille, occupant 1.447 ouvriers, ont produit 252.219ᵀ.

1 mine de *plomb*, occupant 464 ouvriers, a produit 2.253ᵀ.

1 exploitation d'*asphalte*, occupant 14 ouvriers, a produit 3.420ᵀ.

1 exploitation de schistes bitumineux, a produit 1.222ᵀ, avec 2 ouvriers.

Les principales concessions de *combustibles*, sont :

Armois : Concession inexploitée de 418 hectares, à la Société Commentry-Fourchambault.

Brassac : Concession de houille, exploitée par le Creusot.

Charbonnier : Houillère de 210 hectares, ayant donné naguère 13.000ᵀ.

La Combelle : Houillère de 1.350 hectares, à la Société anonyme de Commentry-Fourchambault.

Entremonts : Houillère de 228 hectares, concédée en 1891.

Meisseix : Mine d'anthracite de 643 hectares.

La Roche : Houillère de 198 hectares, à la Compagnie des forges de Châtillon-Commentry ; produit 15.000ᵀ environ.

Saint-Éloi : Houillère appartenant à la Compagnie de Châtillon-Commentry ; a produit 193.000ᵀ. Elle possède 1 atelier de triage et de lavage et 1 usine d'agglomérés ;

Singles : 448 hectares.

La Vernade : Houillère de 178 hectares, de la Compagnie de Châtillon-Commentry.

Bitumes et asphaltes.

Le Cortal : Mine de bitume de 380 hectares, à la Société des bitumes et asphaltes du Centre.

Lussat : Exploitation de 134 hectares, à la même Société.

Malintrat : Exploitation de 427 hectares, à la même Société.

Pont-du-Château : Usine à bitume et asphalte.

Mines métalliques.

Chaumadoux : Mine de fer de 244 hectares, inexploitée.

Auzelles : 2.380 hectares ; *Bauson :* 422 hectares ; mines de plomb argentifère.

Barbecot : 617 hectares, exploitée par la Société de Pontgibaud ; mines de plomb argentifère.

Châteauneuf : 854 hectares ; *Olliergues :* 1.300 hectares ; *Roure :* 5.184 hectares ; mines de plomb argentifère.

Sagne : 1.110 hectares ; *Saint-Amand-Roche-Savine :* 1.143 hectares ; mines de plomb argentifère.

Villevieille : Cette dernière mine de galène argentifère, vient d'être reprise par la Société générale française d'exploitation et de traitement des minerais, qui fournira ses produits à l'usine de Pontgibaud.

Pontgibaud : Usine appartenant à la Société des mines et fonderies de Pontgibaud, au capital de 7 millions de francs, représenté par 14.000 actions de 500 francs. Siège social, 17, rue de Grammont.

L'usine est située dans la vallée de la Sioule, au sud-ouest de Clermont. La fonderie comprend 3 fours de grillage à réverbère, des fours à manche de fusion. Le plomb d'œuvre contient 4 kilogrammes d'argent à la tonne.

Une partie des minerais extraits dans le voisinage, aux mines de Barbecot, Pranal, la Brousse, est traitée à l'usine concurremment avec les minerais espagnols de l'Horcajo et ceux de Huanchaca (Bolivie).

L'usine produit 2.037^T de plomb, 7.469 kilogrammes d'argent, et occupe 85 ouvriers.

Enfin, 4 fonderies en deuxième fusion ont donné 375^T avec 35 ouvriers.

DÉPARTEMENT DU CANTAL

Une exploitation de *houille*, occupant 414 ouvriers, a produit 72.085^T.

Une exploitation de *lignite* a produit 130^T avec 3 ouvriers.

Une mine d'*antimoine*, occupant 29 ouvriers, a produit 1.752^T.

Les principales concessions sont :

Combustible.

Lagraille, 427 hectares; Lempret, 734 hectares; Madic, 766 hectares et Prodelles, 601 hectares, concessions appartenant à la Société nouvelle des *Houillères de Champagnac*.

Lareyssière : Mine de lignite de 1.007 hectares, a produit 130^T.

Mines métalliques.

Bonnac : Mine de pyrites arsenicales aurifères et argentifères de 496 hectares, à la Société anonyme des mines de Bonnac.

La Luze, Massiac, Ouche, mines d'antimoine.

Une fonderie en deuxième fusion a donné 21^T avec 3 ouvriers.

DÉPARTEMENT DE LA LOIRE

45 exploitations de *houille*, occupant 17.638 ouvriers, ont produit 3.494.086^T; des mines de lignite à *Saint-Symphorien-de-Lay*.

Les principales de ces exploitations sont :

Ban-Lafaverge, à la Compagnie des houilles de Ban-Lafaverge, donne 34.000^T. Siège social, 46, rue Centrale, à Lyon.

Beaubrun : Concession de 289 hectares, au sud-ouest de Saint-Étienne, appartenait naguère à la Compagnie des mines de Beaubrun. L'avoir social était alors divisé en 100 parts, dont

62 à la Société des mines de la Loire, 20 au Creusot et 18 à des propriétaires divers; mais la concession entière a été récemment achetée par la Compagnie des mines de la Loire, qui en est devenue l'unique propriétaire moyennant 10 millions de francs.

La mine a 7 puits d'extraction, une usine à coke de 32 fours Coppée; elle alimente les usines de Givors. Sa production dépasse 350.000^T.

Benelas : Houillère de 164 hectares, exploitée, jusque dans ces derniers temps, par la Compagnie du chemin de fer P.-L.-M.

Bérard : Houillère de 65 hectares, à la Société anonyme des houillères de Saint-Étienne. Sa production atteint 120.000^T.

La Béraudière : Houillère de 680 hectares, à la Société des houillères de Montrambert et la Béraudière. Elle a 4 puits d'extraction, produit 300.000^T et occupe 1.100 ouvriers.

La Calaminière : Houillère de 161 hectares, à la Société des houillères de Saint-Étienne. Elle produit 60.000^T.

La Chana : Houillère de 797 hectares, à la Compagnie des mines de la Loire. Elle produit 48.000^T.

La Chazotte : Houillère de 606 hectares, exploitée par la Compagnie du chemin de fer P.-L.-M. Elle a une usine d'agglomérés et produit 72.000^T.

Le Cluzel : Houillère de 166 hectares, à la Compagnie des mines de la Loire. Sa production dépasse 46.000^T.

Comberigole : Houillère de 190 hectares, à la Compagnie des mines de la Péronnière. Elle donne 51.000^T. *Corbeyre*.

Le Cros : Houillère du bassin de Saint-Étienne, donnant 165.000^T.

Crozagague : Houillère de 76 hectares, à la Compagnie de Rive-de-Gier.

Dourdel et Montsalson : Houillère de 280 hectares, à la Compagnie des mines de la Loire. Elle donne 42.000^T.

Grand-Croix : Houillère de la Compagnie de Rive-de-Gier; elle produit 63.000^T. Usine d'agglomérés.

Grandes-Flaches : Houillère de la Compagnie des Grandes-Flaches qui est en outre concessionnaire des mines de la Cotonnière, Frigerin, Monbressieu, la Pomme, Trémolin et a donné 10.000^T.

Gravenant : Houillère donnant 14.000^T.

Haute-Cape : Houillère de 173 hectares, appartenant à la Compagnie de Rive-de-Gier, mais exploitée par celle de la *Haute-Cape* qui exploite en outre la houillère de *Montagne-de-Feu*.

Malafolie : Concession houillère appartenant à la Compagnie des mines de *Roche-la-Molière et Firminy* qui possède en outre celles de Firminy et Roche-la-Molière.

Méons : Houillère de 142 hectares à la Société des houillères de Saint-Étienne, ateliers d'agglomérés très importants et usine à coke de 100 fours belges. Elle produit 90.000^T. *Monbressieu.*

Le Montcel : Houillère de 123 hectares, exploitée par la Compagnie du chemin de fer P.-L.-M. Elle a produit 172.000^T.

Monthieux : Houillère de 71 hectares, donnant 20.000^T.

Montrambert : Houillère de 466 hectares, à la Société des houillères de Montrambert et la Béraudière; elle appartient à la Société depuis 1854, à la suite du démembrement de la Société antérieure des mines de la Loire. Elle a 3 puits d'extraction, donne 350.000^T et occupe 1.200 ouvriers.

La Compagnie est dans une situation très prospère. Son exploitation a donné, en 1892, un bénéfice de 4.272.000 francs, laissant un dividende de 47 francs par action de 500 fr. Ces actions valent 945 francs au 12 juillet 1894.

La Péronnière : Houillère de 79 hectares donnant 70.000^T et occupant 650 ouvriers. Il y a une usine à coke de 60 fours fournissant du coke à Givors et une usine d'agglomérés ovoïdes.

Plat-de-Gier : Houillère de 235 hectares, achetés, en 1889, à la Compagnie des mines de Plat-de-Gier, par celle des mines de la Péronnière. Elle donne 33.000^T.

Quartier-Gaillard : Houillère de 372 hectares, à la Société des mines de la Loire. Sa production atteint 134.000^T.

Le Reclus : Houillère de 296 hectares, à la Société houillère de *Rive-de-Gier*. Cette Société a été fondée, en 1854, à la suite du fractionnement de la Compagnie des mines de la Loire. Son siège social est à Lyon, 3, place d'Albon.

Elle est concessionnaire des mines de houille de *Combes, Corbeyre, Grozagague, Grand-Croix* et *le Reclus*, d'une contenance totale de 690 hectares. Elle produit soit par elle-même, soit par ses amodiataires, 93.000^T environ.

Roche-la-Molière et Firminy : Concessions appartenant, comme celle de Malafolie, à la Compagnie des mines de Roche-la-Molière et Firminy et formant une contenance totale de 5.856 hectares. L'exploitation compte 7 puits d'extraction, occupe 2.200 ouvriers et produit 760.000^T. Les bénéfices se sont élevés, en 1892, à 2.777.000 francs et ont permis de donner un dividende de 62 francs.

Saint-Chamond : Exploitation de 3.542 hectares, à la Société des houillères de Saint-Chamond. Elle donne 28.000^T.

Société anonyme des houillères de *Saint-Étienne* : Elle possède, au nord-est de la ville, une exploitation de 1.595 hectares comprenant les concessions de *la Coulommière, Chaney, Méons, Terre-Noire, le Treuil, Villars, la Roche*, dont l'ensemble produit 575.000^T. La Société possède 1 usine d'agglomérés et 1 usine à coke de 100 fours.

Tartaras : Houillère de 1.043 hectares donnant 13.000^T.

Unieux et Fraisse : Houillère de 700 hectares, à la Société des houillères de Saint-Chamond. Sa production atteint 5.000^T.

Villebœuf : Houillère de 212 hectares, à la Compagnie des mines de Roche-la-Molière et Firminy. Elle compte 3 puits d'extraction, 1 usine à coke de 45 fours belges et 1 usine d'agglomérés. Elle donne 128.000^T et occupe 500 ouvriers.

Il y a aussi à Villebœuf une mine de fer inexploitée.

Cette mine de fer de *Villebœuf* et celle de *Beaubrun*, également inexploitée par la Société du Creusot à laquelle elle appartient, sont les seules mines métalliques à signaler dans ce département si riche en combustible.

Établissements métallurgiques et industriels.

Le département de la Loire compte :

26 usines à fer, produisant 21.468^T de fonte, 33,628^T de fer et 58.151^T d'acier.

28 fonderies en deuxième fusion, donnant 14.350^T.

L'ensemble de ces usines occupe 9.863 ouvriers.

Les 26 usines à fer comprennent :

> 1 haut-fourneau.
> 45 fours à puddler.
> 116 fours à réchauffer.
> 24 fours à puddler l'acier.
> 20 fours Martin.
> 13 fours de cémentation.
> 22 fourneaux et 354 creusets à fusion.
> 72 fours de chaufferie.
> 48 trains de laminoirs.

Les principales usines sont :

Assailly : Usine située à *Lorette* et appartenant à la Compagnie des hauts-fourneaux, forges et aciéries de la marine et des chemins de fer.

Elle comprend des forges, des aciéries, une usine de produits réfractaires; elle produit des fers profilés, des tôles, des ressorts et fabrique l'acier au creuset pour les obus de rupture.

La Chaléassière : Fonderie, forges et ateliers Biétrix, à Saint-Étienne, principalement pour le matériel des mines; l'usine occupe 100 fondeurs et 300 ajusteurs.

Le Chambon : Usine située sur la voie ferrée de Saint-Étienne au Puy, au confluent de la Valchérie et de l'Ondaine; elle comprend des forges, des aciéries, 1 visserie, 1 fabrique de limes.

Firminy : Usine appartenant à la Société anonyme des forges et aciéries de Firminy, au capital de 3 millions de francs, représenté par 6.000 actions de 500 francs, valant 1.780 francs au 12 juillet 1894 et donnant un revenu de 85 francs. Siège social, 45, rue de la République, à Lyon.

L'usine est située entre la voie ferrée et la petite rivière Ondaine; elle tire ses cokes des houillères voisines, Roche-la-Molière et Firminy. Elle exploite les minerais de *Navogne* (Haute-Loire), qu'elle traite concurramment avec ceux de Mokta-el-Hadid et de ses mines de *La Fragua* (Espagne) qui ont une teneur de 46 p. 100.

Elle comprend : 1 haut-fourneau de 100^T, 1 atelier de moulure d'acier, 8 fours Martin, 3 fourneaux à creusets, 12 fours de puddlage, 1 atelier de laminage, 1 tréfilerie, 1 atelier de ressorts et d'outils industriels et aratoires et de matériel de chemins de fer; elle occupe 2.000 ouvriers.

L'Horme : Usine à la Compagnie des forges et fonderies de l'Horme, au capital de 5.500.000 francs, représenté par 11.000 actions de 500 francs, valant 170 francs au 1er mars 1894 et donnant un revenu de 12f,50. Siège social, 8, rue Victor-Hugo, à Lyon.

L'usine est située près de Saint-Chamond ; elle produit surtout les machines outils employées dans les grosses forges pour l'usinage des canons et des plaques de blindages, ou dans les ateliers de construction. La fonderie de fer, pourvue de cubilots puissants, traite en deuxième fusion les fontes de l'usine Saint-Louis, de Marseille et celles de Longwy.

La Compagnie est concessionnaire des mines de fer de *Veyras* (Ardèche) et possède des hauts-fourneaux au *Pouzin* et les chantiers de construction de matériel de chemin de fer de *La Buire,* à Lyon.

Rive-de-Gier : Il y a, à Rive-de-Gier, des usines importantes parmi lesquelle les forges *Marell* et les forges *Couzon.*

Les usines *Marell* sont spécialement installées pour la fabrication des plaques de blindage et des canons. Elles comprennent, en outre : 1 aciérie de 5 fours Martin, 1 fonderie d'acier au creuset, 1 fonderie de fer et divers ateliers accessoires, 1 grosse forge avec plusieurs marteaux-pilons allant jusqu'à 100^T,

Les forges *Couzon* fabriquent spécialement des roues et des essieux ; les roues en fer forgé, dites *roues Arbell,* se font en trois parties, qui sont ensuite soudées ensemble.

Ces forges sont très bien outillées et possèdent 10 marteaux-pilons allant à 45^T.

Enfin, il faut citer, à Rive-de-Gier, les forges de la Compagnie de Saint-Chamond et plusieurs verreries importantes, parmi lesquelles celles de *Richaume* et *Laurent-Badoit.*

Saint-Chamond : Usines à la Compagnie des hauts-fourneaux, forges et aciéries de la marine et des chemins de fer, au capital de 20 millions de francs, représenté par 40.000 actions de 500 francs, valant 905 francs au 1er mars 1894 et donnant un revenu de 30 francs. Siège social, à Saint-Chamond.

La Compagnie possède : les forges et aciéries de *Saint-Chamond,* les aciéries et laminoirs d'*Assailly,* les forges de *Rive-de-Gier,* les forges et aciéries de *Givors* et l'usine du *Boucau.*

Les hauts-fourneaux de Givors et du Boucau fabriquent toutes les fontes de la Compagnie avec les minerais très purs de Bilbao et de la Bidassoa.

L'usine de *Saint-Chamond* comprend : 1 atelier de puddlage, de forgeage et de laminage, 4 marteaux-pilons de 5 à 15^T, 1 atelier de bandage avec 6 laminoirs, 1 tôlerie, 1 atelier de blindage, 1 aciérie de 8 fours Martin, 1 fonderie d'acier pour certaines pièces compliquées et 1 presse hydraulique.

L'atelier de grosses forge pour la transformation des lingots d'acier en canons, possède un marteau-pilon de 100^T.

La Compagnie exploite les minerais de fer de *Laffand* et de *Pagney* et occcupe, dans son ensemble, plus de 6.000 ouvriers.

Elle possède aussi, en Corse, les hauts-fourneaux aux bois de *Toga,* d'où elle tire des fontes pour plaques de blindage et pour frettes.

Saint-Étienne : Usines à la Compagnie des fonderies, forges et aciéries de Saint-Étienne, au capital de 4 millions de francs.

Les aciéries tirent une grande partie de leur fonte de *Chasse* (Isère); elles forgent des canons, laminent des plaques de blindage, fabriquent des essieux de locomotives, des obus et des fers et aciers marchands.

Les usines comprennent : 20 fours à puddler, 3 marteaux-pilons de 10^T, 1 aciérie de 3 fours Martin, 1 fonderie d'acier, 1 grosse forge avec marteau-pilon de 60^T, des laminoirs pour plaques de blindage et pour tôles; elles occupent 1.650 ouvriers.

Terre-Noire : Usine appartenant à la Société des mines, forges et fonderies d'Alais qui l'a achetée, en 1889, à la Compagnie de Terre-Noire, en même temps que les usines de Bessèges et de la Voulte.

L'usine comprend : 3 hauts-fourneaux donnant des fontes d'affinage et de moulage, des fontes Bessemer et des fontes blanches pour acier Martin; 1 forge, 18 fours à puddler, fours à réchauffer, laminoirs donnant des fers marchands, des profilés et des tôles; 1 aciérie de 4 convertisseurs Bessemer et 6 fours Martin.

La Société *Victoria-Terre-Noire-Christiania,* au capital de 600.000 francs, a récemment installé à Terre-Noire une usine pour la fabrication des clous à cheval.

Unieux : Aciérie dans la vallée de l'Ondaine; elle produit des aciers fins en traitant les fontes d'Espagne et de *Ria* où elle possède de hauts-fourneaux. Elle comprend des fours de cémentation, des fourneaux à creusets et 1 four Martin, des marteaux-pilon, 1 presse hydraulique, des ateliers d'ajustage.

DÉPARTEMENT DE LA HAUTE-LOIRE

6 exploitations de *houille,* occupant 1.383 ouvriers, ont produit 203.363^T.

1 mine d'antimoine, occupant 49 ouvriers, a donné 875^T.

Les principales concessions houillères sont :

Les Barthes : 187 hectares, à la Société de Commentry-Fourchambault.

Chaney : 156 hectares, à la Société anonyme des mines de Saint-Étienne.

Fondary : 118 hectares, à la Société anonyme des *Mines de la Haute-Loire.*

Grosménil : 731 hectares, à la Société anonyme des *Houillères de la Haute-Loire;* elle donne 160.000^T environ.

Mégecoste : 54 hectares.

Marsanges : Houillère de 745 hectares, ayant appartenu à la Compagnie de Terre-Noire.

La Taupe : 518 hectares, à la Société anonyme des *Houillères de la Haute-Loire.*

Mines métalliques.

Les principales concessions métallifères sont :

Aurouze : Mine de plomb argentifère de 2.660 hectares, à la Société anonyme des plombs argentifères de la Haute-Loire.

Chazelle : Mine d'antimoine et de plomb sulfuré.

Freycinet et *la Licoulne :* Mines d'antimoine, donnant 875^T.

Navogne : Mine de fer de 480 hectares, exploitée par la Société des forges de Firminy.

La Rodde : Mine de plomb argentifère de 195 hectares, concédée en 1892 à la Société des mines de *Bonnac.*

Établissements métallurgiques et industriels.

1 fonderie en deuxième fusion, occupant 4 ouvriers, a donné 48^T ; 2 usines d'antimoine à *Brioude,* ont produit 625^T.

DÉPARTEMENT DE L'ARDÈCHE

4 exploitations de *houille,* occupant 419 ouvriers, ont produit 46.849^T ; les principales concessions sont :

Jaujac, 452 hectares.

Montgros : Houillère de 336 hectares, à la Société des mines de Montgros.

Prades et *Nieigles :* Houillère de 1.836 hectares, au confluent de l'Ardèche et du Salindre ; elle appartient à la Société nouvelle des mines de *Prades, Nieigles et Sumène* et donne 30.000^T environ.

Sallefermouze : Houillère de 262 hectares, à la Compagnie de *Banne.*

Pigère et *le Mazel :* houillère de 180 hectares.

Mines de fer.

L'exploitation des minerais de fer, occupant 252 ouvriers, a donné 62.000^T.

Les principales concessions sont :

Ailhon : 882 hectares, appartenait à la Compagnie de Terre-Noire.

Le Lac : 947 hectares, ancienne propriété de la Compagnie de Terre-Noire.

Saint-Priest : 650 hectares, de l'ancienne Compagnie de Terre-Noire.

Merzelet : 693 hectares, à la Compagnie d'Alais, donne 15.000^T environ.

Montgros, Pierremorte : Ensemble 2.924 hectares.

Rulannes : 383 hectares, à la Compagnie d'Alais.

Veyras : 306 hectares, à la Compagnie des forges et fonderies de l'Horme.

La Voulte : 2.634 hectares, ancienne possession de la Compagnie de Terre-Noire.

Mines métalliques.

L'exploitation des minerais de plomb et de zinc, occupant 111 ouvriers a donné 61^T de minerai de plomb et 1.226^T de minerai de zinc.

Ardoix et *Talencieux :* Mine de plomb et zinc de 2.650 hectares.

Chaliac : Mine de plomb, zinc, cuivre... de 2.510 hectares.

Chassézac : Mine de plomb argentifère, cuivre et zinc, à la Société des mines de *Génolhac* et *Chassézac* ; elle donne 7 kilogrammes d'argent à la tonne de plomb d'œuvre.

7

Jaujac : Mine de plomb sulfuré.

Largentière : Mine de plomb argentifère de 758 hectares.

Malbosc : Mine d'antimoine et usines abandonnées.

Mayres : Mine de plomb argentifère de 3.013 hectares, concédée en 1891.

Saint-Barthélemy-le-Plein : Mine de galène et de blende concédée en 1892, à la Société générale française d'exploitation et de traitement des minerais.

Saint-Cierge-la-Serre : Mine de zinc de 1.411 hectares.

Charmes et Soyons : Mine de pyrite de fer de 950 hectares, sur la voie ferrée de Lyon à Nîmes ; les minerais sont traités à l'usine de Salindres.

Établissements métallurgiques et industriels.

Une usine à fer, au Pouzin, donnant 29.214^T de fonte ; 3 fonderies en deuxième fusion, donnant 1.677^T. Ces établissements occupent ensemble 262 ouvriers.

Le Pouzin : Hauts-fourneaux et fonderies de la Compagnie de l'Horme, traitant les minerais de *Veyras,* rendant 45 p. 100, et ceux de *Fillols;* les charbons viennent de la Péronnière et de la Grand'Combe.

Le Theil : Usine à chaux de la Société *J. et A. Pavin de Lafarge.* Elle comprend 47 fours à chaux, donnant annuellement plus de 75.000 tonnes. La même Société possède les usines de *Lafarge,* avec 47 fours, pouvant donner 265.000^T ; *Cruas,* avec 18 fours, pouvant donner 65.000^T, et la *Meysse,* avec 12 fours, pouvant donner 30.000^T.

Vals : Grandes verreries. Eaux minérales.

La Voulte : Anciens hauts-fourneaux et fonderies de Terre-Noire, achetés par la Société des mines, forges et fonderies d'Alais.

DÉPARTEMENT DE L'ISÈRE

18 exploitations de *houille* et d'*anthracite,* occupant 1.182 ouvriers, ont produit 158.201^T.

3 exploitations de *lignite,* occupant 23 ouvriers, ont donné 962^T.

Les principales concessions sont :

Le Chatelard : 109 hectares ; *la Grande-Braye,* 276 hectares ; *Lamure et Peychagnard,* à la Compagnie d'anthracite de Lamure, qui produit annuellement 100.000^T et occupe 400 ouvriers.

Communay : 900 hectares, a donné 8.115^T.

Mines de fer.

L'exploitation des minerais de fer, occupant 306 ouvriers, a donné 37.213^T.

Articol : 1.659 hectares, à la Compagnie des hauts-fourneaux et fonderies de Givors.

Allevard : Mines de fer vendues, en 1873, à la Société du Creusot par la Société des hauts-fourneaux et forges d'Allevard :

Les principales de ces mines sont : *la Croix-Reculet,* 94 hectares ; *Génivelle,* 76 hectares; *Grand-Champ*, 45 hectares; *Paturel*, 250 hectares; *la Rivoire, Rossignol, Saint-Pierre d'Allevard, les Tavernes*.

L'exploitation de ces mines remonte à une haute antiquité et, dès 1606, il y avait déjà 5 hauts-fourneaux dans leur voisinage.

Auxiput : 76 hectares; *le Bout*, 200 hectares; *le Fayart*, 21 hectares; *Girodel*, 368 hectares; *Plan-de-Fol*, 315 hectares; *Prétermont*, 295 hectares; *Taillat*, 461 hectares; appartenant au Creusot.

Le Vernay : 125 hectares, de la Compagnie des hauts-fourneaux et fonderies de Givors.

La Verpillière : Mine de fer alimentant les hauts-fourneaux de Pont-Évêque.

Chanille : 417 hectares; *Saint-Quentin*, 210 hectares.

Mines métalliques.

Oulles : Mine de plomb et de cuivre, de 119 hectares. Ardoisières.

La Péreire : Mine de plomb, cuivre et zinc, de 207 hectares.

Pierre-Rousse : Mine de plomb, cuivre et zinc, de 198 hectares.

Les Ruines : Mine de cuivre et de plomb argentifère, de 800 hectares.

Le Sapey : Mine de plomb et de zinc, de 492 hectares.

Établissements métallurgiques et industriels.

7 usines à fer ont produit 21.421^T de fonte, 3.680^T de fer et 5.612^T d'acier.

20 fonderies en deuxième fusion, ont produit 4.120^T. L'ensemble de ces établissements a occupé 765 ouvriers.

2 usines à plomb et argent et à aluminium, ont produit 230^T de plomb, 850 kilogrammes d'argent, 57^T d'aluminium, et occupé 65 ouvriers.

Les usines à fer comprennent :

> 3 hauts-fourneaux.
> 2 fours à réchauffer.
> 6 fours à puddler.
> 2 fours Martin.
> 3 fours de cémentation.
> 3 fourneaux et 22 creusets à fusion.
> 17 fours de chaufferie.
> 8 trains de laminoirs.

Les principales usines sont :

Allevard : Usine de grillage des minerais, située dans la vallée de la Bréda. Elle appartient à la Société du Creusot qui y grille ses minerais avant leur transport aux usines.

Haut-fourneau, forge et aciérie appartenant à une Société en commandite. Le haut-fourneau traite les minerais que la Société du Creusot s'est obligée à lui fournir; il ne marche que six mois de l'année et produit 3.200^T de fonte, quantité suffisante pour l'aciérie. Celle-ci fournit, avec 2 fours Martin, les aciers nécessaires pour ressorts de voitures et pour aimants.

L'usine comprend, en outre, 2 fours à puddler, 2 grands trains de laminoirs et occupe 450 ouvriers.

Chasse : Hauts-fourneaux à la Compagnie des hauts-fourneaux de Chasse. Ils traitent les minerais d'Allevard et ceux d'El-M'Kimen (Algérie), appartenant à la Compagnie. Ils fournissent des fontes aux aciéries de *Saint-Étienne.*

Pont-Évêque : Hauts-fourneaux alimentés par les minerais de *Verpillière*, *Villebois* (Ain) et *Ougney* (Jura).

Vienne : Établissements métallurgiques de Vienne, au capital de 1 million de francs, représenté par 2.000 actions de 500 francs. — Traitement des minerais d'or, d'argent, de plomb et de cuivre. — Autres établissements similaires à Blumenstein et à Chaux-de-Fonds.

Froges : Usine d'aluminium.

Voreppe : Fabrique de ciment et de chaux hydraulique, comprenant 23 fours de cuisson chauffés avec l'anthracite de Lamure. Installation de moulins et de bluteries.

DÉPARTEMENT DU RHÔNE

Exploitation d'*anthracite* occupant 206 ouvriers et produisant 40.920^T. Elle se trouve sur la concession de la Compagnie de *Sainte-Foy-Largentière*, de 1.552 hectares.

Exploitation de pyrite de fer de *Saint-Bel*, concession de 9.043 hectares, près de l'Arbresles, donnant 211.381^T, a la Compagnie de *Saint-Gobain, Chauny et Cirey*, à laquelle elle appartient et dont elle alimente les usines.

Montchaunay : Mine de cuivre et de plomb argentifère.

Établissements métallurgiques et industriels.

Givors : Usine à la Compagnie des hauts-fourneaux et fonderies de *Givors*, au capital de 1.200.000 francs.

L'usine comprend : 1 haut-fourneau donnant des fontes très diverses suivant leur destination ; 1 fonderie de deuxième fusion, des ateliers de construction, d'ajustage et de modelage. Elle consomme les cokes de *Beaubrun, la Péronnière* et ceux qu'elle fabrique elle-même avec les charbons de Saint-Étienne.

Elle traite les minerais du Var, de la Savoie, de l'Isère, d'Espagne, de Sardaigne et de Grèce. Ses fontes sont vendues aux usines de Fourchambault, Assailly, Saint-Chamond, Unieux et de Franche-Comté. Elle possède les minerais d'*Articol* (Isère), 1.659 hectares, et du *Vernay*, 125 hectares. Elle occupe 350 ouvriers.

Il y a aussi, à Givors, les ateliers de construction de matériel de chemin de fer de la Compagnie *Fives-Lille*.

Oullins : Usines et ateliers de la Compagnie Paris-Lyon-Méditerranée pour les locomotives et les voitures. Ils comprennent des fonderies qui traitent les fontes de première fusion d'Angleterre et de *Chasse ;* une fonderie de cuivre et de ses alliages ; des ateliers de forges, de chaudronnerie, de ressorts, de roues, d'ajustage et de montage. L'ensemble occupe 1.500 ouvriers.

Le département du Rhône compte, au total :

4 usines à fer, produisant 16.132^T de fonte, 14^T de fer, 85^T d'acier.

17 fonderies en deuxième fusion, donnant 7.745^T.

L'ensemble de ces établissements occupe 678 ouvriers.

DÉPARTEMENT DE L'AIN

Une mine et usine d'asphalte à *Pyrimont et Seyssel*, appartenant à la Société générale des asphaltes de France, a donné 12.016^T et occupé 81 ouvriers.

Il faut citer encore les concessions inexploitées désignées ci-après :

Comfort : Mine de bitume, concédée en 1891.

Serrières : Mine de fer, de 240 hectares.

Vaux : Mine de fer, de 1.115 hectares.

Villebois : Mine de fer de 884 hectares, actuellement abandonnée, mais qui alimentait autrefois les hauts-fourneaux de Pont-Évêque (Isère).

Établissements métallurgiques et industriels.

Une fonderie en deuxième fusion, a donné 40^T et occupé 6 ouvriers.

Bellegarde : Établissements hydrauliques installés par deux Américains concessionnaires, depuis 1871, du tiers du débit moyen du Rhône. Les usines mises en mouvement par la force hydraulique ainsi obtenue, qui est de 1.800 chevaux, sont :

1 fabrique de pâte de bois, 1 papeterie, 1 électrométallurgie, 1 scierie et diverses pompes qui n'utilisent d'ailleurs que la moitié de la force hydraulique disponible.

DÉPARTEMENT DE LA SAVOIE

L'exploitation de l'anthracite, occupant 114 ouvriers, a produit 18.618^T.

L'exploitation des minerais de fer, occupant 5 ouvriers, a produit 225^T.

Les principales concessions de combustible, en grande partie inexploitées, sont :

Les Allues : Mine d'anthracite, de 400 hectares.

L'Avalanche : Mine de lignite, de 670 hectares.

Beaurevard : Mine d'anthracite, de 395 hectares.

Champdenier : Mine d'anthracite, de 400 hectares.

Le Chatelard : Mines d'anthracite, de 109 hectares.

Et autres concessions d'une superficie totale de 12.000 hectares.

Mines de fer.

Chanaz : 119 hectares.

Bissorte : 400 hectares ; *Filon-Neuf*, 400 hectares ; *les Fosses*, 688 hectares ; *Fourneaux*,

271 hectares; *Freney*, 359 hectares; *le Monio*, 400 hectares, appartenant toutes au Creusot.
Saint-Hugon : Mine très riche, d'une teneur de 66 p. 100.

Mines métalliques.

Croix-de-Verdon : Mine de plomb argentifère, de 400 hectares.
Le Crozat : Mine de plomb, de 398 hectares.
Le Gélon : Mine de plomb et de cuivre, de 380 hectares.
Gros-Villan : Mine de plomb argentifère, de 187 hectares.
Montchabert : Mine de plomb argentifère, de 395 hectares.
Saint-Georges-d'Hurtieux : Mine de cuivre, fournissant des minerais à l'usine d'Eguilles (Vaucluse).
Heymieux : Minerai manganésifère à 40 p. 100.
Argentine : Ardoisières.

Établissements métallurgiques.

1 usine à fer, comprenant 1 four de chaufferie pour fer ou pour acier, a donné 34^T de fer, 117^T d'acier, et occupé 45 ouvriers.
1 fonderie en deuxième fusion a donné 29 tonnes et occupé 4 ouvriers.
1 usine d'aluminium à Saint-Michel, occupant 30 ouvriers et produisant 18^T. Le métal est vendu 10 à 12 francs le kilogramme, ce qui laisse un bénéfice de 50 p. 100.

DÉPARTEMENT DE LA HAUTE-SAVOIE

L'exploitation de l'anthracite, occupant 4 ouvriers, a donné 30^T.
L'exploitation de l'asphalte, occupant 10 ouvriers, a donné 800^T.
Les principales mines d'asphalte sont :
Chavaroche et *Pont-de-Cérasson* : A la Compagnie des asphaltes de France ; *les Esserts*, à la Compagnie du *Phénix-Savoisien*.

Mines de fer.

Les concessions de mines de fer sont :
Annecy : A la Société *Frèrejean, Roux et Cie*.
Duingt et *Vellexon*.

Mines métalliques.

Mines de *plomb argentifère* de *Bérengère* : 379 hectares ; *Gruvaz*, 342 hectares ; *Leschieux*, 339 hectares ; *le Miage*, 400 hectares ; *N.-D.-de-la-Gorge*, 400 hectares, et mines de *cuivre* de Rèvenette, 408 hectares ; *Sainte-Marie-de-Pouilly*, 452 hectares, appartenant toutes à la Compagnie du *Phénix-Savoisien*.

Etablissements métallurgiques.

1 usine à fer, comprenant 1 foyer d'affinerie et 2 fours à réchauffer, occupant 170 ouvriers, à produit 2.226^T de fer et 513^T d'acier.

4 fonderies en deuxième fusion, occupant 20 ouvriers, ont donné 410^T.

L'usine d'*Annecy*, à la Société *Frèrejean, Roux et Cie*, traite les minerais d'Annecy et ceux d'*Aytica* (Pyrénées-Orientales).

La production minérale et métallurgique de la troisième région est résumée dans le tableau ci-après :

TROISIÈME RÉGION.

PRODUCTION MINÉRALE ET MÉTALLURGIQUE.

	1892		1893	
	PRODUCTION	OUVRIERS	PRODUCTION	OUVRIERS
Houille et anthracite.	5.586.821^T	30.447		
Lignite.	1.092	26		
minerai de fer.	153.458	1.003		
— de plomb argentifère	2.011			
— de zinc.	1.226			
— de manganèse	1.150	757		
— d'antimoine.	2.884			
— d'étain	11			
Schistes bitumineux.	54.647	169		
Calcaire asphaltique.	16.236	105		
Usines.				
Fonte	131.740			
Fers et tôles.	80.880	17.549		
Acier ouvré	112.765			
Fonte en deuxième fusion	55.944			
Plomb.	2.267			
Argent.	8 319^{kg}	178		
Aluminium.	75^T			
Antimoine	625			

QUATRIÈME RÉGION

Elle comprend 16 départements :

DÉPARTEMENT DE L'AVEYRON

17 exploitations de *houille*, occupant 5.502 ouvriers, ont produit 920.615^T.

3 exploitations de *lignite*, occupant 39 ouvriers, ont donné 3.482^T.

3 mines de *fer*, occupant 43 ouvriers, ont donné 20.267^T.

L'exploitation des minerais de plomb et de zinc, occupant 697 ouvriers, a produit 7.400^T.

Principales concessions de combustible.

Auzits : Houillère de 489 hectares, au Crédit mobilier.

La Balance : Houillère, du bassin d'Aubin, à la Société des aciéries de France; produit 75.000^T environ.

Bouquiès : Houillère, de 938 hectares, à la Société des houillères de Bouquiès, donne, avec celle de *Latapie*, à la même Société, 15.000^T.

Bourran : Houillère appartenant à la Société nouvelle des houillères de l'Aveyron, fusionnée, en 1892, avec la Société de Commentry-Fourchambault. Elle donne 160.000^T.

Le Broual : Houillère, de 285 hectares, à la même Société.

Société des mines de *Campagnac*, au capital de 3.500.000 francs, représenté par 7.000 actions de 500 francs, donnant un dividende de 40 francs. Siège social, 11, boulevard Saint-Martin, Paris.

Les sièges d'extraction des concessions de *Lavernhe*, 344 hectares, et du *Mazel*, 283 hectares, sont groupés autour de la gare de Cransac, dans le bassin d'Aubin. Ils donnent 248.000^T d'un très bon charbon à gaz et occupent 1.300 ouvriers; fours à coke Siebel, usine d'agglomérés.

Combes : Houillère, de 152 hectares, à la Société des aciéries de France; elle donne 60.000^T.

Cransac : Houillère, de 176 hectares, à la Société des aciéries de France.

Gages : Houillère qui a donné 16.000^T en 1891.

Firmy, 262 hectares; *Ruhle et Négrin*, 720 hectares; *Paleyret et Sérons*, 674 hectares, à la Société nouvelle des houillères et fonderies de l'Aveyron.

Les Issards, 140 hectares; *Martinié*, à la Société des aciéries de France.

Mines de fer.

Aubin : 1.725 hectares, à la Compagnie de Commentry-Fourchambault.

Kaymar : 300 hectares; *Mondalazac*, 968 hectares; *Venzac*, 203 hectares, appartenant toutes à la Société nouvelle des houillères et fonderies de l'Aveyron, fusionnée avec la Compagnie Commentry-Fourchambault.

Lunel, Muret : 148 hectares, à la Société des aciéries de France.

Mines métalliques.

Asprières : Mine de plomb argentifère ayant appartenu à une Société anglaise et récemment achetée par la Société française d'exploitation et de traitement des minerais, déjà propriétaire des mines de *Bouillac*, de 638 hectares.

Les minerais d'Asprières sont traités à la laverie des mines de Bouillac, momentanément abandonnées, puis envoyés à l'usine de Pontgibaud.

La Baume : Exploitation de galène argentifère et de blende, près de Villefranche, à la Société de saciéries de France. La galène est riche en argent et donne constamment 5ᵏᵍ,200 d'argent à la tonne de plomb d'œuvre. Elle produit annuellement 2.000ᵀ de galène et 4.000ᵀ de blende.

Camarès : Mine de cuivre de 2.200 hectares, à la Compagnie des *Mines du bassin de Saint-Affrique.*

Creissels : Mine de plomb et de cuivre, de 2.112 hectares, à la Société des aciéries de France.

Faveyrolles : Mine de cuivre, de 1.850 hectares, à la Compagnie des *Mines de Saint-Affrique.*

Labarre et *Corbières :* Mine de plomb et de cuivre, de 2.580 hectares, et *Viala,* mine de cuivre, de 1.884 hectares, à la Compagnie des *Mines de Saint-Affrique.*

Minier, 856 hectares; *Pichiguet,* 174 hectares; *Villefranche,* mines de plomb et de cuivre; *Négrepoil,* 61 hectares, mine de plomb, appartenant toutes à la Société des aciéries de France.

Établissements métallurgiques.

1 usine à fer comprenant : 1 haut-fourneau, 10 fours à puddler, 10 fours à réchauffer, 6 trains de laminoirs et occupant 510 ouvriers, a produit 9.335ᵀ de fonte et 10.156ᵀ de fer; 6 fonderies en deuxième fusion, occupant 102 ouvriers, ont donné 3.210ᵀ; 1 usine à zinc, occupant 410 ouvriers, a produit 7.777ᵀ.

Decazeville : Usines appartenant aux compagnies fusionnées des houillères et fonderies de l'Aveyron et de Commentry-Fourchambault. Elles produisent des rails, des fers marchands, des tuyaux de conduite. Le haut-fourneau traite les minerais de Mondalazac, Lunel, Kaymar et Cuzorn.

Viviez : Usine à zinc de la *Vieille-Montagne,* sur la voie ferrée de Capdenac à Rodez. Elle traite et réduit, dans 24 fours, les minerais de l'Aveyron, des Bormettes, du Var, du Gard, d'Algérie, de Suède et de Grèce.

Les laminoirs et ateliers de zinguerie sont à 6 kilomètres de l'usine, à *Penchot.* La production de l'usine est aujourd'hui de 7.800ᵀ, mais elle sera portée à 10.000ᵀ par l'achèvement de nouveaux fours.

DÉPARTEMENT DU TARN

Deux exploitations de *houille,* occupant 2.973 ouvriers, ont produit 387.945ᵀ.

L'exploitation des minerais de *fer,* occupant 86 ouvriers, a donné 6.583ᵀ.

L'exploitation des minerais de *plomb* et de *zinc,* occupant 275 ouvriers, a produit 200ᵀ de plomb et 50ᵀ de zinc.

Albi : Houillère de 3.563 hectares, appartenant d'abord à la Société anonyme des mines

8

d'Albi, remplacée, en 1886, par la Société minière du Tarn, au capital de 3 millions de francs. Elle produit 20.000^T.

Carmaux : Exploitation de 8.000 hectares, à la Société des mines de Carmaux. L'avoir social est partagé en 23.200 parts, valant 1.200 francs en octobre 1893 et ayant donné un revenu de 80 francs en 1892, résultant d'une production de 550.000^T en 1891. Mais en 1892, la production est descendue à 366.000^T, ne laissant qu'un bénéfice de 985.000 francs et réduisant le dividende de plus de moitié.

Il y a une usine à coke de 4 batteries de 20 fours Coppée, et une usine d'agglomérés.

Mines de fer.

Alban et *Le Fraysse* : Mine de 1.692 hectares, à la Société des hauts-fournaux, forges et aciéries du Tarn; subsidiairement mine d'alun, de manganèse, de sulfate de baryte.

Montcoujoul : Mine de fer, de 895 hectares.

Montredon : Mine de fer et de manganèse, de 814 hectares.

Mines métalliques.

Peyrebrune : Mine de cuivre et de plomb argentifère, de 1.088 hectares, à la Compagnie des mines de Dadou.

Rouairoux . Mine de plomb argentifère et de cuivre, de 822 hectares.

La Martinié : Mine d'alun et de sulfate de fer, à la Société anonyme des hauts-fourneaux, forges et aciéries du Tarn.

Établissements métallurgiques.

2 usines à fer, occupant 195 ouvriers, ont produit 5.600^T de fonte, 3.649^T de fer et 2.658^T d'acier.

11 fonderies en deuxième fusion, occupant 50 ouvriers, ont donné 950^T.

Les usines à fer comprennent :

> 1 haut-fourneau et 4 fours à puddler.
> 4 fours à réchauffer.
> 3 fours à puddler l'acier.
> 1 four de cémentation.
> 2 fourneaux et 54 creusets à fusion.
> 24 fours de chaufferie.
> 3 trains de laminoirs.

Les usines qui sont situées à *Saint-Juéry*, près d'Albi, appartiennent à la *Société des hauts-fourneaux, forges et aciéries du Tarn.*

DÉPARTEMENT DE L'AUDE

Combustible.

Les concessions actuelles et improductives en 1892, ont une surface de 4.800 hectares. Les principales sont : *la Caunette*, mine de lignite qui a donné 420^T en 1891 ; *Durban*, 116 hectares ; *Ségure*, 1.643 hectares, à la *Société minière de Filhols.*

La mine de fer de *Balança*, de 220 hectares, à la Société minière de Filhols, a produit 1.088ᵀ, avec 8 ouvriers.

L'exploitation des minerais de plomb et de manganèse, occupant 91 ouvriers, a donné 385ᵀ des premiers et 1.729ᵀ des seconds.

L'exploitation du sel marin, occupant 321 ouvriers, a donné 13.060ᵀ.

Mines métalliques.

La Caunette : Mine de plomb argentifère, de 87 hectares.

Caunes : Mine de manganèse, donnant 1.200ᵀ.

La Ferronnière : Mine de manganèse, de 495 hectares.

Padern et *Montgaillard* : Mine de plomb argentifère et de cuivre, de 1.428 hectares.

Palaizac : Mine d'antimoine.

La Pouzanque : Mine de manganèse, de 225 hectares.

Établissements métallurgiques.

Padern : Anciennes forges, au confluent du Verdouble et du Torgan; 8 fonderies en deuxième fusion, occupant 48 ouvriers, ont donné 468ᵀ.

Une usine à plomb, occupant 19 ouvriers, a donné 38ᵀ de plomb et 115 kilogrammes d'argent.

DÉPARTEMENT DE L'ARIÈGE

L'exploitation des minerais de fer, occupant 200 ouvriers, a donné 12.414ᵀ.

L'exploitation des minerais de plomb, de zinc et de manganèse, occupant 380 ouvriers, a donné 344ᵀ des premiers, 1.689ᵀ des seconds et 17.215ᵀ des derniers.

Les principales concessions de minerai de fer, sont :

Castelmir, 302 hectares ; *Château-Verdun*, 640 hectares ; *Lercoul*, 514 hectares ; *Miglos*, 1.049 hectares, à la Société métallurgique de l'Ariège.

Rancié : 550 hectares, à la Société métallurgique de l'Ariège, dans le canton de Vic-Dessos. Elle donne 12.000ᵀ pendant les six mois de l'année où le travail y est possible. Le prix moyen de la tonne de minerai, consistant surtout en hématite brune, est de 12 francs. Le marché du minerai se tient à la mine même, où des muletiers viennent l'acheter et le porter ensuite soit aux usines voisines, soit à des magasins d'entrepôt sur la grande route.

Riverenert : Mine de fer très importante, mais peu exploitée à cause du manque des voies de communication.

Mines métalliques.

Bentaillou : Mine de calamine, dans l'arrondissement de Saint-Girons. Elle vend ses produits en grande partie à la *Vieille-Montagne*. Elle occupe 160 ouvriers, une partie de l'année, à l'altitude de 2.000 mètres. Elle appartient à la Société anglaise de *Sentein*.

Las Cabesses : Mine de manganèse, à 16 kilomètres de Saint-Girons. Sa production, qui a atteint 30.000^T, est descendue, en 1892, à 17.000^T. Le minerai grillé est expédié à la maison *Blakwell*, à Liverpool.

Carboire : Mine de plomb, cuivre et zinc, de 1.600 hectares.

Aulus : Mine de plomb argentifère et de zinc, à la Société métallurgique de l'Ariège.

Montcoustans : Mine de plomb argentifère et de zinc, de 689 hectares.

Ranet : Mine de cuivre.

Seintein : Mine de plomb argentifère et de zinc, à 33 kilomètres au sud de Saint-Girons. Elle produit de la galène argentifère et surtout du minerai de zinc, exporté presque totalement en Belgique ; le minerai de plomb est vendu en Angleterre. Elle est toute voisine de celle de *Bentaillou*.

Établissements métallurgiques.

Les usines à fer du département, occupant 552 ouvriers, ont produit 9.806^T de fonte, 6.865^T de fer, 2.298^T d'acier.

6 fonderies en deuxième fusion, occupant 36 ouvriers, ont donné 400^T.

Les usines à fer comprennent :

1 haut-fourneau.
7 fours à puddler.
21 fours à réchauffer
4 fours à puddler l'acier.
2 fours Martin.
2 fours de cémentation.
1 fourneau et 12 creusets à fusion.
39 fours de chaufferie.
6 trains de laminoirs.

La Société métallurgique de l'Ariège y possédait les hauts-fourneaux de Tarascon, les forges et aciéries de *Foix* et de *Serres*, et l'usine de *Pamiers*.

DÉPARTEMENT DES PYRÉNÉES-ORIENTALES

1 exploitation de *lignite*, occupant 10 ouvriers, a donné 1.888^T.

L'exploitation des minerais de *fer*, occupant 389 ouvriers, a donné 47.990^T.

L'exploitation du *sel marin*, occupant 41 ouvriers, a donné 1.361^T.

Mines de fer.

Aytica : 673 hectares, alimente les hauts-fourneaux d'Annecy.

Escaro : 277 hectares ; *Escoumps*, 176 hectares ; *Ria, Saint-Vincent*, 171 hectares ; *Velmanya*, 691 hectares ; *Vernet*, 123 hectares.

Filhols : Mine de fer de 3.380 hectares, à la Société des mines de fer de Filhols, au capital de 6 millions de francs. Cette Société possède, en outre, la houillère de *Durban* (Aude), et les minerais de fer de *Balança* et *Ségure* (Aude).

Puymorens : 337 hectares, à la Société métallurgique de l'Ariège.

Sahore : 186 hectares ; *Torrent,* 150 hectares, appartenant toutes deux à la *Société d'Unieux.*

Mines métalliques.

Ambolas : 150 hectares, mine de manganèse.

Cannaveilles : Mine de cuivre, de 1.225 hectares.

Lamanère : Mine de plomb, de 1.585 hectares.

Établissements métallurgiques.

4 usines à fer comprenant 1 haut-fourneau au bois, 2 foyers d'affinerie, 1 four à réchauffer, occupant 63 ouvriers, ont produit 5.230^T de fonte et 198^T de fer.

5 fonderies de deuxième fusion, occupant 14 ouvriers, ont donné 145^T.

Les principales usines sont :

Feuillat : hauts-fourneaux, forges, visserie.

Ria : Haut-fourneau au bois, appartenant à MM. Holtzer, et fournissant des fontes à leur usine d'Unieux.

DÉPARTEMENT DE L'HÉRAULT

6 exploitations de *houille,* occupant 1.928 ouvriers, ont produit 209.827^T.

2 exploitations de *lignite,* occupant 11 ouvriers, ont donné 337^T.

L'exploitation des minerais de fer et de cuivre a produit 2.244^T des premiers et 20^T des seconds.

Mines de combustible.

Agel : 1.596 hectares ; *Azillanet,* 555 hectares ; *Minerve,* 452 hectares, mines de lignite.

Bousquet d'Orbe : mine de houille de 2.547 hectares ; *Boussague,* 1.650 hectares ; *Devois,* 351 hectares ; *Saint-Gervais,* 1.682 hectares, appartenant à la Compagnie des 4 *mines réunies de Graissessac.*

Castanet-le-Haut : 674 hectares ; *Saint-Geniès-de-Varensal,* 1.318 hectares, mines d'anthracite, appartenant à la Société des mines de houille du *bassin ouest de Graissessac.*

Mines de fer.

Courniou : 376 hectares, à la Société générale française d'exploitation et de traitement des minerais.

La Gardéole : 735 hectares ; *Masnaguine,* 309 hectares ; *Saint-Pons,* 252 hectares.

Mines métalliques.

Bousquet-d'Orbe : mine de cuivre, de 1.688 hectares.

Cabrières : Mines de cuivre et plomb argentifère, de 600 hectares.

Ganges : Mine de plomb et zinc, de 416 hectares.

Lunas : Mine de cuivre, de 1.440 hectares.

Sirieis : Mine de cuivre, de 1.970 hectares.

Vieussan : Mine de cuivre argentifère et autres métaux, de 2.270 hectares.

Villecelle : Mine de cuivre, de zinc et de plomb argentifère, de 4.244 hectares, à la Société de la *Vieille-Montagne*.

Établissements métallurgiques et industriels.

Anciens hauts-fourneaux de *Balaruc*, traitant les minerais du pays.

11 fonderies en deuxième fusion, occupant 50 ouvriers, ont donné 776^T.

Enfin, l'exploitation du sel marin, occupant 401 ouvriers, a produit 23.699^T.

DÉPARTEMENT DE LA LOZÈRE

L'exploitation des minerais de plomb et d'antimoine, occupant 134 ouvriers, a produit 183^T des premiers et 506^T des seconds.

Les principales mines concédées sont :

Bahours : Mine de plomb argentifère de 870 hectares.

Bedouès et *Cocurès :* Mine de plomb argentifère, de 1.460 hectares.

Meyrueis : Mine de plomb et de cuivre, de 10.575 hectares.

Vialas : Mine de plomb argentifère, dont les minerais sont traités à l'usine de Villefort, appartenant à la Compagnie de Mokta-el-Hadid.

L'usine de *Villefort* a donné, en 1892, 277 kilogrammes d'argent et 49^T de litharge.

2 usines d'antimoine ont produit 16^T.

Ces trois usines occupent ensemble 25 ouvriers.

DÉPARTEMENT DU GARD

17 exploitations de *houille*, occupant 12.554 ouvriers, ont produit 2.014.074^T.

10 exploitations de lignite, occupant 123 ouvriers, ont donné 23.121^T.

L'exploitation des minerais de *fer*, occupant 104 ouvriers, a donné 59.676^T.

L'exploitation des minerais de *plomb* et de *zinc* et des *pyrites de fer*, occupant 851 ouvriers, a produit 1649^T des premiers, 27.573^T des seconds et 13.798^T des troisièmes.

L'*asphalte*, occupant 95 ouvriers, a donné 8.050^T.

Enfin, l'exploitation du sel marin, occupant 1.150 ouvriers, a donné 62.141^T.

Combustible.

Le bassin houiller d'Alais comprend, comme concessions principales : *la Grand'Combe,* *Portes* et *Sénéchas, Bessèges, Rochebelle, Salles* et *Montalet, Cessoux* et *Trébiau, Comberedonde,* *Trélys, Bordézac.* Il a une superficie de 27.000 hectares et peut produire 3 millions de tonnes.

La concession de la *Compagnie des houillères de Bessèges* comprend deux divisions, *Molières* et *Bessèges,* et quatre subdivisions, Molières et les Brousses, Bessèges et Créals, occupant ensemble 2.700 ouvriers. La Compagnie a 1 usine d'agglomérés et 1 usine à coke à Molières.

Bordezac : Houillère de 128 hectares, à la Compagnie de Bessèges.

Cavaillac : Houillère de 3.400 hectares, à la *Société du Vigan.*

Cessoux et *Trébiau :* Houillère de 310 hectares, à la Compagnie des minerais de fer de Mokta-el-Hadid ; elle donne 85.000^T.

Comberedonde : Houillère de 370 hectares, amodiée par la Compagnie de Mokta-el-Hadid.

Champclauzon : 540 hectares ; *Fénadou,* 415 hectares, appartenant à la Compagnie des *mines de la Grand'Combe ;* elles donnent 170.000^T.

Guynières : Mine de houille sur la voie ferrée d'Alais, à la Compagnie de Mokta-el-Hadid, qui possède, en outre des concessions déjà citées : celles de *Martinet,* 262 hectares ; de *Salles* et *Montalet,* 1.312 hectares.

Compagnie des *mines de la Grand'Combe :* Elle exploite, dans le Gard, les concessions de *Champclauzon, la Fénadou,* déjà citées, *la Grand'Combe,* 3.600 hectares ; *Levade* et *la Tronche,* 948 hectares ; *Saint-Jean-de-Valériscle,* 2.177 hectares ; *Trescol* et *Pluzor,* 1.484 hectares, dont l'ensemble donne plus de 950.000^T.

Elle possède, en outre, une partie des lignites de *Trets* (Bouches-du-Rhône), qui donne 45.000^T.

Lalle : Houillère de 406 hectares, située près des hauts-fourneaux de Bessèges ; elle donne 70.000^T et occupe 600 ouvriers.

Meyrannes et *Robiac :* Exploitation de 2.806 hectares, à la Compagnie de Bessèges ; elle donne 420.000^T et occupe 2.400 ouvriers.

Les Mages : Houillère inexploitée de 2.794 hectares.

Molières : Houillère de la Compagnie de Bessèges ; elle donne 250.000^T.

Portes et *Sénéchas :* Houillère de 908 hectares, sur la voie ferrée de Nîmes à Clermont ; elle appartient à la Société d'éclairage au gaz et des hauts-fourneaux et fonderies de Marseille ; elle produit 170.000^T et occupe 1.100 ouvriers.

Société des houillères de *Rochebelle* et *Cendras,* constituée le 13 décembre 1878, au capital de 6 millions de francs, représenté par 12.000 actions de 500 francs.

La concession de 3.118 hectares, à 3 kilomètres d'Alais, est traversée par la voie ferrée de Nîmes à Lyon et par le Gardon. Elle comprend trois groupes : *Rochebelle* et *Cendras,* *Fontanes, Bois-Commun.* La production totale atteint 270.000^T, qui sont transformées, en grande partie, en briquettes à l'usine d'agglomérés des *Tamaris.*

Soulanon : Houillère de 2.295 hectares, à la *Société du Vigan*.

Trélys et *Palmesalade :* Houillère de 1.827 hectares, à la Compagnie des mines, forges et fonderies d'Alais. Elle est située près de la gare du *Martinet*, où est le siège de l'exploitation qui comprend *Mercoirol* et *Crouzoul ;* les premiers travaux remontent à 1855, et la plus forte production a atteint 240.000^T en 1881. Elle n'a été que de 164.000 en 1891.

Trescol et *Pluzor :* Houillère de 1.484 hectares, à la Compagnie de la *Grand'Combe*. Elle produit 350.000^T et occupe 1.100.

Mines de lignite.

Aigaliers : 576 hectares; *Célas*, 325 hectares; *Gardies*, 699 hectares; *Lanuéjouls*, 500 hectares; *le Pin*, 647 hectares; *Saint-Julien-de-Peyrolas*, 8.122 hectares; *Servillières*, 480 hectares et autres.

Mines de fer.

Alais : 6.326 hectares, à la Compagnie des mines, forges et fonderies d'Alais.

Bessèges et *Robiac ;* 1.983 hectares; *Bordèzac*, 243 hectares; *Courry*, 686 hectares; *Saint-Florent*, 509 hectares; *Travers*, 580 hectares, concourant toutes à l'alimentation des usines de Bessèges.

Blannaves . 930 hectares; *Trescol et Pluzor; Trouillas*, 680 hectares, à la Compagnie de la Grand'Combe.

Mandagout : 1.294 hectares, à la Compagnie des mines du Vigan.

Mines de plomb.

La Coste : 270 hectares, à la Société de la Vieille-Montagne.

Génolhac et *Chassézac :* Mine de plomb argentifère, de 3.573 hectares, à la Société des mines de Génolhac et Chassézac, avec laverie à Villefort, pouvant passer 50^T par jour. La Société a, depuis 1887, une magnifique concession s'étendant au plateau de *Malons*, à la vallée de la *Thine*, à *Lafigère*, sur une superficie de près de 12.000 hectares.

La Grande-Vernissière : Mine de plomb, de 93 hectares, à la Société de la Vieille-Montagne.

N.-D.-de-Laval : Mine de cuivre et de plomb argentifère, à la Compagnie de Mokta-el-Hadid, qui possède la mine similaire de *Rouvergue*, 4.140 hectares.

Saint-Laurent-le-Minier : Mine de plomb et de zinc, de 2.180 hectares.

Valensole : Mine de plomb et zinc, de 2.693 hectares, appartenant, comme la précédente, à la Vieille-Montagne.

Mines de cuivre et pyrites de fer.

Pallières : Mine de pyrite, de 445 hectares.

La Panissière : Mine de pyrite de 174 hectares, traitée à l'usine de Salindres.

Rouvergue : Mine de cuivre et plomb, de 4.140 hectares, à la Compagnie des *Mines de Mokta-el-Hadid*.

Saint-Félix : 350 hectares; *Valleraube*, 325 hectares, mines de pyrite de fer, à la Société des mines de la Vieille-Montagne.

Saint-Jean-du-Gard : Mine de cuivre et autres métaux, 2.185 hectares, à la Société des mines de cuivre de Saint-Jean-du-Gard.

Saint-Julien-de-Valgague : Mine de pyrite de fer qui, avec celle de Soulier, donne plus de 10.000^T à l'usine de Salindres.

Autres mines métalliques.

Auzonnet : Mine d'antimoine, exploitée par la Société des mines de Comberedonde.

Clairac : Mine de blende de 445 hectares, à la Vieille-Montagne.

Les Malines : Cette concession, située à 8 kilomètres de la gare de Ganges, date de 1885 et a une superficie de 418 hectares. Elle appartient à une Société civile, constituée au capital de 136.000 francs, représenté par 272 actions de 500 francs, qui ont été remboursées dès la seconde année.

C'est une mine de calamine plombeuse, de blende et de quelque peu de galène ; la calamine blanche pure contient environ 63 p. 100 de zinc, la calamine plombeuse contient 55 p. 100 de zinc, 14 p. 100 de plomb et 220 grammes d'argent à la tonne. Elle produit 24.000^T de zinc et occupe 300 ouvriers.

La Roque : Mine de zinc, de 802 hectares ; *Croix-de-Pallières*, mine de zinc et plomb argentifère, de 1.048 hectares, appartenant toutes deux à la Société de la Vieille-Montagne.

Saint-Sébastien : Mine de plomb argentifère, de 1.462 hectares.

Saint-Jean-de-Maruéjouls, Servas, Mas-Chabert : Mines d'asphalte de la Compagnie Parisienne des asphaltes.

Établissements métallurgiques et industriels.

2 usines à fer comprenant : 5 hauts-fourneaux, 6 fours à puddler, 8 fours à réchauffer, 1 foyer Bessemer, 3 fours Martin, 8 fours de chaufferie, 7 trains de laminoirs, occupant 1.248 ouvriers, ont produit 52.033^T de fonte, 9.585^T de fer et 36.173^T d'acier ; 9 fonderies en deuxième fusion, occupant 121 ouvriers, ont donné 3.193^T.

Une usine à antimoine, occupant 8 ouvriers, a donné 113^T.

Cette usine est située à Alais.

La Compagnie des *Mines, forges et fonderies d'Alais*, au capital de 9 millions de francs, représenté par 18.000 actions de 500 francs, exploite les forges d'Alais et les usines et ateliers qu'elle a achetés, en 1889, à la Compagnie de *Terre-Noire*. Siège social, 7, rue Blanche, Paris.

Les usines et ateliers de cette ancienne Compagnie comprennent trois centres métallurgiques :

1° *La Voulte* (Ardèche), qui transforme, en fonte brute ou moulée, les minerais de la Voulte, du Lac, de Saint-Priest ;

2° *Bessèges*, qui traite, avec les houilles de Lalle, les minerais de Travers, Bordézac, Pierre-Morte, Courry, Saint-Florent et ceux des Pyrénées, d'Algérie, d'Espagne ;

3° *Terre-Noire*, qui transforme en fer les fontes de la Voulte et de Bessèges.

9

Les usines de Bessèges, situées dans la vallée de la Cèze, à proximité des mines de la Compagnie houillère de Bessèges, comprennent des hauts-fourneaux, une forge, des aciéries Martin et Bessemer, des laminoirs.

La Pise : Usine à zinc et à plomb; usine d'agglomérés et usine à coke de la Compagnie de la Grand'Combe, pouvant produire 120.000^T chacune.

Saint-Montaud : Hauts-fourneaux et forges de la Compagnie de Châtillon-Commentry.

Salindres : Usine de produits chimiques, à la Compagnie de Salindres, concessionnaire des mines de pyrite de fer de *Charmes et Soyons, la Panissière, Saint-Julien-de-Valgalgue, le Soulier.* Elle comprend une soudière produisant 15.000^T, et des fabriques d'autres produits chimiques tels que acide sulfurique, sulfate de soude, chlore, chlorure de chaux, chlorate de potasse. Elle possède aussi une saline pouvant produire 300.000^T de sel marin.

Il y aussi à Salindres une usine d'aluminium.

Saint-Paulet : Verreries.

Les Tamaris : Usine de la Société des mines, forges et fonderies d'Alais, située à 3 kilomètres d'Alais, sur la voie ferrée d'Alais à Paris. Elle est dans une situation très prospère et peut à peine suffire à ses demandes.

Elle comprend 5 hauts-fourneaux qui pourraient donner 246^T, mais elle ne produit en réalité que 120^T de fonte par jour, qui donnent ensuite 45 à 50^T d'acier, 10 à 15^T de fonte moulée et 25 à 30^T de fer puddlé.

Elle a une fonderie de deuxième fusion, une aciérie de 3 fours Martin, un hall de puddlage de 10 fours, 6 trains de laminoirs, enfin des ateliers pour grosse charpente, machines à vapeur locomobiles, charrues et matériel fixe de chemin de fer.

DÉPARTEMENT DE VAUCLUSE

Deux exploitations de *lignite*, occupant 22 ouvriers, ont donné 4.330^T.

Une exploitation de *soufre*, occupant 62 ouvriers, a donné 6.510^T.

Les principales concessions de *lignite* sont :

Méthamis : 4.225 hectares; *Mondragon*, 624 hectares; *Piolenc*, 1.618 hectares; *Saint-Martin de Castillon*, 933 hectares.

Les concessions de mines de *soufre* sont : *Tapels* et *Suignon*.

Établissements métallurgiques.

4 fonderies en deuxième fusion, occupant 81 ouvriers, ont donné 2.000^T.

Eguilles : Usine à cuivre, sur la voie ferrée de Lyon à Marseille ; a été installée en 1881, pour le traitement des minerais de cuivre par le procédé Manhès.

Elle comprend des fours de fusion, des cubilots pour fonte de mattes, des convertisseurs Manhès. Elle traite les pyrites cuivreuses de *Saint-Georges-d'Hurtieux* (Savoie), très pures mais pauvres, et les minerais riches de l'Aveyron, des Pyrénées, d'Algérie, de Toscane, conjointement avec les mattes d'Amérique.

Elle produit 940^T et occupe 81 ouvriers.

DÉPARTEMENT DE LA DRÔME

1 exploitation de *lignite*, occupant 12 ouvriers, a donné 566^T.

Les concessions de lignite sont : *Hauterives*, 150 hectares ; *Montjoyer*, 623 hectares ; *Nyons*, 663 hectares.

Mines métalliques.

Barbière : Mine de fer de 82 hectares, exploitée naguère par la Compagnie P.-L.-M.

Menglon : Mine de plomb et de zinc de 2.200 hectares, concédée à la Compagnie Royale Asturienne des mines. Elle produit 27^T de minerai de plomb, 4.041^T de minerai de zinc et occupe 118 ouvriers.

9 fonderies en deuxième fusion, occupant 64 ouvriers, ont donné 643^T.

DÉPARTEMENT DES HAUTES-ALPES

L'exploitation de l'*anthracite* sur plusieurs concessions, occupant 368 ouvriers, a produit 6.852^T.

1 mine de plomb, occupant 86 ouvriers, a produit 225^T.

Mines métalliques.

Largentière : Mine de plomb argentifère de 250 hectares, concédée à une Compagnie anglaise.

Le Chapeau : Mine de cuivre et de plomb argentifère, de 600 hectares.

Le Lautaret : Mine de cuivre et de plomb argentifère, de 1.670 hectares.

Navette : Mine de cuivre et plomb argentifère, de 1.050 hectares.

Saint-Maurice : Mine de cuivre et de plomb argentifère, de 2.000 hectares, à la Compagnie anglaise du *Valgodemard*.

DÉPARTEMENT DES BASSES-ALPES

Les exploitations de *lignite*, occupant 256 ouvriers, ont produit 31.408^T.

L'exploitation du *soufre*, occupant 8 ouvriers, a donné 721^T.

L'exploitation des *schistes bitumineux* a donné 719^T avec 6 ouvriers.

Les principales concessions de lignite sont :

Billiaban : 285 hectares, à la Compagnie des mines de Billiaban.

Dauphin : 827 hectares, à la Compagnie des *Mines de charbon des Alpes*.

Gaude : 146 hectares, à la Société des *Mines et usines de Manosque.*

Les Hubachs : 42 hectares, à la même Société.

Montaigut : 253 hectares ; *Villeneuve,* 427 hectares, à la Compagnie des mines de charbon des Alpes.

Sainte-Rostagne : A la Société des mines et usines de Manosque.

Autres mines.

Saint-Martin de Renacas : Mine de soufre, de 873 hectares, à la Société des mines de Billiaban.

Bois-d'Asson, les Plaines, la Chabanne, Beauregard, mines de bitume de 1.331 hectares.

DÉPARTEMENT DES ALPES-MARITIMES

On peut citer dans ce département :

Les mines de houille inexploitées de *Boyère,* 477 hectares ; *Pourraciers,* 493 hectares ; la mine de lignite de *Vescagne,* 1.412 hectares, également inexploitée.

La mine de fer improductive *du Chastel,* 130 hectares.

La mine de plomb inexploitée de *Saint-Pierre,* 395 hectares.

3 fonderies en deuxième fusion, occupant 62 ouvriers, ont donné 1.020^T.

DÉPARTEMENT DU VAR

L'exploitation de *lignite,* occupant 58 ouvriers, a donné 1.776^T.

L'exploitation du minerai de *fer,* a donné 8.908^T, avec 35 ouvriers.

Celle des minerais de *plomb* et de *zinc,* occupant 744 ouvriers, a donné 1.538^T des premiers et 24.124^T des seconds.

Celle du *sel marin,* occupant 786 ouvriers, a produit 33.520^T.

Mines de combustible.

Auriasque : 240 hectares ; *Bastide-Blanche,* 500 hectares ; *Boson,* 308 hectares ; *la Cadière,* 359 hectares, à la Société des charbonnages des Bouches-du-Rhône ; *la Magdelaine,* 830 hectares ; *les Vaux,* mine d'anthracite de 517 hectares.

Mines de fer.

Bagna : Mine exploitée par la Compagnie des houilles de Colobrières.

Beau-Soleil : Mine de fer, de 1.205 hectares.

Autres mines métalliques.

Les Bormettes : Mine de plomb argentifère et de zinc, près d'Hyères ; elle a 2 puits d'extraction, 1 atelier de préparation mécanique et produit 26.000^T.

Faucon-Largentière : Mine de galène argentifère et de blende, 2.175 hectares.

La Londe : Mine de cuivre, plomb et zinc, de 4.806 hectares, à la Société anonyme des Bormettes.

La Rieille : Mine de plomb argentifère, de zinc, de cuivre et d'antimoine, de 2.340 hectares, à la Société des Bormettes.

DÉPARTEMENT DES BOUCHES-DU-RHÔNE

7 exploitations de *lignite*, occupant 2.360 ouvriers, ont produit 402.513^T.

1 exploitation de *pyrite de fer*, occupant 494 ouvriers, a donné 211.281^T.

Celle du *sel marin*, occupant 2.508 ouvriers, a produit 135.381^T.

Les principales concessions de *lignite* sont :

Auriol : 2.555 hectares, à la Société des charbonnages des Bouches-du-Rhône.

Fuveau : Centre du bassin ligniteux de Fuveau, à cheval sur le Var et les Bouches-du-Rhône. Ce bassin est exploité presque exclusivement par la Société des charbonnages des Bouches-du-Rhône, dont les principaux centres d'exploitation sont : *Valdonne, Gréasque, Gardannes, Trets.*

Saint-Savournin : Exploitation importante.

Grande-Concession : Concession de 6.223 hectares.

Saint-Bel et *Chessy :* Mines de cuivre et de pyrite de fer, à la Société des manufactures de *Saint-Gobain, Chauny* et *Cirey.*

Les Baux-de-Provence : Mine d'aluminium, qui exportait en Allemagne plus de 15.000^T de bauxite.

Établissements métallurgiques.

3 usines à fer, occupant 208 ouvriers, ont produit 18.663^T de fonte et 776^T de fer.

15 fonderies en deuxième fusion, occupant 350 ouvriers, ont donné 4.569^T.

1 usine à argent, occupant 130 ouvriers, a donné 27.600^{kg} d'argent.

Les principales usines sont :

La Capelette : Usines et forges, à MM. Marel, près Marseille.

Saint-Louis : Usine de ferro-manganèse, à Marseille.

Septèmes : Usine à mercure et à nickel, affinage de l'or et de l'argent.

DÉPARTEMENT DE LA CORSE

1 exploitation d'antimoine à *Méria*, canton de Luri, appartenant à la Société d'exploitation des antimoines français, a donné 1.713^T et occupé 472 ouvriers.

L'exploitation du *sel marin*, occupant 6 ouvriers, a donné 600^T.

Les principales concessions sont :

Combustible.

Osani : Mine d'anthracite de 392 hectares.

Mines métalliques.

Fer : *Olmeta*, 1.075 hectares; *Cardo*, mine de pyrite de fer, de 236 hectares.

Argentella : 2.520 hectares; *Prato*, 124 hectares; *Monticello*, 752 hectares; mines de plomb argentifère.

Ersa, Luri-Castello, Méria : mines d'antimoine.

Frangone, Linguisetta : 672 hectares; *Ponte-Leccia*, 1.664 hectares; *Saint-Augustin*, 1.520 hectares; *Tartagine*, 1.062 hectares, mines de cuivre et de plomb argentifère.

1 fonderie en deuxième fusion, occupant 4 ouvriers, a produit 110ᵀ.

La production minérale et métallurgique de la quatrième région, est résumée dans le tableau ci-après :

QUATRIÈME RÉGION.

PRODUCTION MINÉRALE ET MÉTALLURGIQUE.

	1892		1893	
	PRODUCTION	OUVRIERS	PRODUCTION	OUVRIERS
Houille et anthracite.	3.539.313ᵀ	23.325		
Lignite.	469.421	2.892		
Minerai de fer.	139.170	907		
— de plomb argentifère	6.524			
— de zinc.	62.904			
— de cuivre.	20	3.790		
— de manganèse	18.944			
— d'antimoine.	2.219			
Pyrite de fer.	225.179	597		
Schistes bitumineux.	719	6		
Calcaire asphaltique.	8.050	95		
Soufre.	7.231	70		
Sel marin	269.462	5.213		
Usines.				
Fontes	100.667			
Fer et tôles.	31.229			
Acier ouvré	41.129	3.852		
Fonte en deuxième fusion.	18.518			
Plomb	38			
Argent.	27.992ᵏ			
Zinc	7.777	665		
Cuivre	940			
Antimoine	754			

CINQUIÈME RÉGION

DÉPARTEMENT DE LA CHARENTE-INFÉRIEURE

7 fonderies en deuxième fusion, occupant 61 ouvriers, ont donné 750^T.
L'exploitation du sel marin, occupant 415 ouvriers, a produit 80.756^T.

DÉPARTEMENT DE LA GIRONDE

12 fonderies en deuxième fusion, occupant 265 ouvriers, ont donné 6.125^T.
L'exploitation du sel marin a donné 158^T avec 15 ouvriers.
Bordeaux : Ateliers et Chantiers *Dyle* et *Bacalan*, à la Société de construction de ce nom, au capital de 7.500.000 francs
Société anonyme des *Ateliers et Chantiers de la Gironde*, au capital de 3.300.000 francs :
Forges, fonderies, briqueteries, constructions navales.
Beaulac : Ancienne usine, hauts-fourneaux et forges.

DÉPARTEMENT DE LA DORDOGNE

Une mine de *pyrite de fer* de 345 hectares, *aux Chabannes*, occupant 20 ouvriers, a donné 2.289^T.
Une mine de *fer*, occupant 30 ouvriers, a donné 2.500^T.
Une exploitation de *lignite*, à *Simeyrols*, occupant 6 ouvriers, a produit 400^T.
Milhac, Saint-Jean-de-Côle, Saint-Pardoux, Thiviers : mines inexploitées de manganèse, d'une superficie totale de 1.970 hectares.
4 usines à fer, comprenant : 1 haut-fourneau au bois, 3 fours à puddler, 2 fours à réchauffer, 2 trains de laminoirs, ont produit 150^T de fonte, et 2.355^T de fer avec 71 ouvriers.
6 fonderies en deuxième fusion, occupant 20 ouvriers, ont donné 400^T.

DÉPARTEMENT DE LA CHARENTE

2 usines à fer, occupant 3 ouvriers, ont donné 177^T d'acier par réchauffage de lingots Bessemer.
5 fonderies en deuxième fusion, occupant 264 ouvriers, ont donné 5.516^T.
Ruelle : Forges, hauts-fourneaux, fonderie de canons pour la marine.
Usine *Weiller* : Tréfilerie de cuivre et de laiton, produisant 8.000^T.

DÉPARTEMENT DES LANDES

Mines de bitume de l'*Échalassière, Armentière, Labourdette*, à la Compagnie des asphaltes de France.

4 usines à fer, occupant 1.108 ouvriers, ont produit 67.717^T de fonte, 4.345^T de fer et 47.554^T d'acier.

12 fonderies en deuxième fusion, occupant 290 ouvriers, ont donné 5.007^T.

L'exploitation du *sel gemme*, occupant 103 ouvriers, a donné 10.853^T.

Les usines à fer comprennent :

> 3 hauts-fourneaux au coke.
> 2 hauts-fourneaux au bois.
> 1 four à puddler.
> 2 foyers d'affinerie.
> 2 fours à réchauffer.
> 2 foyers Bessemer.
> 2 fours Martin.
> 8 fours de chaufferie.
> 8 trains de laminoirs.

La plus importante usine est celle du *Boucau* qui appartient à la Compagnie des hauts-fourneaux, forges et fonderies de la marine et des chemins de fer.

Elle tire son charbon de Cardiff et emploie les minerais *campanile* et *rubio* de Bilbao, ceux de la Bidassoa et de Carthagène.

Elle comprend 3 hauts-fourneaux de 18 mètres, pouvant donner 100^T de fonte chacun, des aciéries et une fabrique de rails.

Elle consomme par mois 6.000^T de minerai, 5.000^T de charbon de Cardiff. Elle produit 3.700^T de coke qu'elle consomme, 6.500^T de fonte et 3.000^T de rails.

Elle fournit des fontes à l'usine de Saint-Chamond.

Labouheyre : Hauts-fourneaux au charbon de bois, traitant les minerais espagnols et quelques minerais de la Dordogne et du Lot-et-Garonne. L'usine fournit ses fontes à la fonderie de canons de Ruelle et aux forges de *Guérigny*.

Uza : Forges et fonderies au marquis de Lur-Saluces.

Dax : Compagnie des salines de Dax*, au capital de 1.500.000 francs. La Compagnie exploite les mines de *sel gemme* de *Bidart, Gortiague, Dax* et *Saint-Pandleon*.

DÉPARTEMENT DES BASSES-PYRÉNÉES

Mines de fer inexploitées de *Ainhoa* et *Baigorry*.

Une mine de zinc et de cuivre, occupant 166 ouvriers, a donné 1.030^T de zinc et 8^T de cuivre; mine de *Bartèque*.

6 fonderies en deuxième fusion, occupant 31 ouvriers, ont donné 557^T.

L'exploitation du *sel gemme*, occupant 229 ouvriers, a produit 21.534^T.

Montagne d'Arre : Mine de plomb et zinc, de 750 hectares, à la *Compagnie des mines d'Arre.*

DÉPARTEMENT DES HAUTES-PYRÉNÉES

La mine de plomb argentifère et de zinc de *Pierrefitte*, de 4.200 hectares, concédée à une Compagnie anglaise, occupant 231 ouvriers, a produit 1.205^T de plomb et 1.428^T de zinc.

La même Compagnie possède les mines de cuivre et de zinc d'*Arau* et *Gavarnie.*

Labassère : Ardoisières.

4 fonderies en deuxième fusion, occupant 77 ouvriers, ont donné 831^T.

DÉPARTEMENT DU LOT

Les exploitations des houillères de *Saint-Perdoux* et du *Soulié*, occupant 31 ouvriers, ont donné 2.531^T.

Les exploitations des *mines de fer* des *Arques* et de *Sals*, occupant 49 ouvriers, ont donné 3.620^T.

Mines de zinc inexploitées de *Figeac* et de *Planiolles.*

Exploitation de phosphates donnant 20.000^T.

2 fonderies en deuxième fusion, occupant 6 ouvriers, ont donné 124^T.

DÉPARTEMENT DE LOT-ET-GARONNE

L'exploitation des minerais de fer, occupant 65 ouvriers, a produit 52.500^T.

2 usines à fer, comprenant 1 haut-fourneau, 1 four à réchauffer, occupant 97 ouvriers, ont donné 17.760^T de fonte et 350^T de fer.

8 fonderies en deuxième fusion, occupant 90 ouvriers, ont donné 9.500^T.

Fumel : Haut-fourneau, fonderie, ateliers de construction.

DÉPARTEMENT DE LA HAUTE-GARONNE

Argut : Mine de plomb argentifère et de zinc, de 2.145 hectares.

Ardoisières concédées le 30 août 1878.

Melles : Mine de plomb argentifère et de zinc, de 1.546 hectares, à la Société des mines de *Luchon* et *Melles.*

Une usine à fer, *Bazacle*, à Toulouse, appartenant à la Société des forges, aciéries et tréfileries de Bazacle, occupant 111 ouvriers et comprenant 4 fours à réchauffer, 2 trains de laminoirs, a produit 4.966^T de fer.

19 fonderies en deuxième fusion, occupant 171 ouvriers, ont donné 1.598^T.

L'exploitation du *sel gemme*, occupant 42 ouvriers, a produit 7.200^T.

Enfin, les départements de la *Vienne*, de la *Haute-Vienne*, de *Tarn-et-Garonne* et du *Gers*, comptaient 23 fonderies en deuxième fusion, occupant 136 ouvriers et produisant 1.329^T.

La faible production minérale et métallurgique de la cinquième région est résumée dans le tableau ci-après :

CINQUIÈME RÉGION.

PRODUCTION MINÉRALE ET MÉTALLURGIQUE.

	1892		1893	
	PRODUCTION	OUVRIERS	PRODUCTION	OUVRIERS
Houille et anthracite	2.531	32		
Lignite.	400	6		
Minerai de fer	58.620	144		
— de plomb argentifère	1.205			
— de zinc.	2.458	437		
— de cuivre.	8			
Pyrite de fer.	2.289			
Sel gemme.	39.587	374		
Sel marin	80.914	430		
Usines.				
Fonte.	85.627			
Fer et tôles	12.046	2.791		
Acier ouvré	47.731			
Fonte en deuxième fusion.	32.257			

ALGÉRIE

DÉPARTEMENT D'ALGER

Mines de fer concédées.

Djebel-Hadid, 740 hectares, à la Compagnie de Châtillon-Commentry ; *Gourahya*, 894 hectares ; *Larath*, 734 hectares, *Messelmoum*, 1.000 hectares ; *Oued-Merdja*, 1.160 hectares ; *Oued-Tafilès*, 1.249 hectares.

Autres mines métalliques.

Beni-Aquil : Mine de plomb et cuivre, de 4.477 hectares.

Guerrouma : Mine de plomb argentifère et de zinc, de 507 hectares, à 20 kilomètres de Palestro ; appartient à la *Société des mines de plomb de Guerrouma.*

Ouarsenis : Mine de plomb et de zinc, de 2.558 hectares, à la Société de la *Vieille-Montagne :*

Sakamody : Mines de zinc, d'une teneur de 52 à 53 p. 100 ; produit 10.000^T environ et expédie ses minerais à Anvers.

L'exploitation des minerais de zinc dans ces diverses mines a produit 17.106^T et occupé 950 ouvriers. D'autre part, 56 ouvriers ont été occupés à la recherche des minerais de plomb et de cuivre.

Mouzaïa : 5.360 hectares ; *Oued-Kebir,* 1.788 hectares, mines de cuivre ; *R'Arbou,* mine de plomb et zinc, de 1.760 hectares.

5 fonderies en deuxième fusion, occupant 35 ouvriers, ont donné 313^T.

DÉPARTEMENT DE CONSTANTINE

Smendou : Mine de *lignite* inexploitée, de 459 hectares.

Mines de fer.

Aïn-Mokha : Mine de fer, de 2.000 hectares, appartenant, depuis 1845, à la Compagnie des minerais de fer magnétiques de Mokta-el-Hadid, au capital de 18.333.500 francs, représenté par 36.667 actions de 500 francs, valant 870 francs au 24 mars 1874 et donnant un revenu de 40 francs.

Elle est propriétaire des mines de fer de *Soumah, Bou-Amra, Beni-Saf, Karésas, Camérata,* et exploite, en outre, les houillères de *Cessoux et Trébiau, Comberedonde, Gagnières, Salles-et-Montalet* et les minerais de plomb argentifère de *Vialas,* traités à son usine de Villefort.

La mine d'*Aïn-Mokha* a produit, avec celle de *Karésas,* son annexe, 132.402^T et occupé 1.188 ouvriers.

Aïn-Mérouan : Mine de fer, de 674 hectares.

Aïn-Sedma : 2.110 hectares, *Djebel-Anini,* 940 hectares.

El-M'Kimen : Mine de fer, de 43 hectares, exploitée par la Société des hauts-fourneaux de *Chasse ;* elle a donné 6.000^T en 1891.

Autres mines métalliques.

L'exploitation des minerais métalliques a produit : 63^T de plomb argentifère, 8.144^T de cuivre, 4.801^T de blende ou calamine, 48^T d'antimoine, 178^T de cinabre, soit au total 13.234^T, ayant occupé 489 ouvriers.

Les principales mines concédées sont :

Aïn-Arko : Mine de zinc, de 427 hectares.

Aïn-Barbar : Mine de cuivre et zinc, de 1.317 hectares, à la Société de la Vieille-Montagne.

Bir-Beni-Salah : Mines de zinc, plomb et mercure, de 747 hectares, au sud de Collo.

Cavallo : Mine de plomb argentifère, de 1.693 hectares.

Djendeli : Mines de zinc et autres métaux, de 2.206 hectares.

Hamminate : Mines de bismuth et d'antimoine, de 1.119 hectares, à la Société des mines d'El-Hamminate, au capital de 400.000 francs, réprésenté par 400 actions de 1.000 francs.

Hammam-N'Bails : Mine de zinc et plomb, de 2.581 hectares, à la Société de la Vieille-Montagne, a donné 1.800^T en 1890.

Mesloula : Mine de plomb, cuivre et autres métaux, de 373 hectares, concédée en 1891.

Oum-Téboul : Mine de plomb, concédée en 1849 et reliée aujourd'hui par une petite voie ferrée, à la plage de Messida, où elle embarque ses minerais pour l'Angleterre.

Le plomb y diminue au profit du cuivre et de l'argent et le minerai y est divisé en trois catégories :

1° Galene, 45 à 50 p. 100 de plomb, 1.200 grammes d'argent à la tonne ;

2° Pyrite cuivreuse, 14 p. 100 de cuivre, 140 grammes d'argent à la tonne;

3° Minerai pauvre, 3,5 p. 100 de cuivre, 60 grammes d'argent à la tonne.

Elle a produit jusqu'à 18.000^T par an.

Ras-el-Má : Mine de mercure de 1.336 hectares, à 10 kilomètres au sud-ouest de Jemeppe.

Sidi-Kamber : Mine de plomb, cuivre et zinc, de 2.271 hectares.

Le Taya : Mines d'antimoine et de mercure, concédée en 1891.

Taghit : Mine de plomb et mercure, de 369 hectares, au sud-ouest de Batna.

Tadergount : Mine de cuivre, de 407 hectares, dans le voisinage de Takitoun.

1 usine pour mattes cuivreuses, a produit 448^T, avec 47 ouvriers.

3 fonderies en deuxième fusion, ont donné 44^T, avec 10 ouvriers.

DÉPARTEMENT D'ORAN

Mines de fer.

Beni-Saf, *Camérata*, 942 hectares, à la Compagnie des minerais de fer magnétique de Mokta-el-Hadid; ont produit 320.201^T et occupé 819 ouvriers.

Autres mines métalliques.

Fillaoucen : Mine de plomb et de zinc, de 321 hectares.

Gar-Rhouban : Mine de plomb qui a donné 286^T en 1892.

Oued-Mazis : Mine de plomb et de zinc, de 1.110 hectares.

Salines.

Arzew : 24.784^T, avec 441 ouvriers.

1 fonderie en deuxième fusion, a donné 88^T, avec 8 ouvriers.

PRODUCTION MINÉRALE ET MÉTALLURGIQUE DE L'ALGÉRIE.

	1892		1893	
	PRODUCTION	OUVRIERS	PRODUCTION	OUVRIERS
Minerai de fer................	452.603^T	2.007		
— de plomb............	349			
— de cuivre............	8.144			
— de zinc.............	21.907	1.562		
— d'antimoine..........	48			
— de mercure...........	178			
Mattes cuivreuses.............	448	47		
Fonte moulée...............	445	53		

BELGIQUE

BELGIQUE

La Belgique a une superficie de 29.450 kilomètres carrés et une population de 5.500.000 habitants.

Son sol est généralement plat, sauf dans le sud-est, où s'étendent les ramifications des Ardennes. Elle est arrosée, du sud au nord, par la Meuse, la Sambre, l'Escaut que relient de nombreux canaux.

Elle est divisée en 9 provinces :

Le Brabant	chef-lieu :	Bruxelles.
La province d'Anvers	—	Anvers.
La province de Liège	—	Liège.
La province de Namur	—	Namur.
Le Hainaut	—	Mons.
La Flandre orientale	—	Gand.
La Flandre occidentale	—	Bruges.
Le Limbourg belge	—	Hasselt.
Le Luxembourg belge	—	Arlon.

Elle possède d'immenses tourbières et de très riches mines de houille dont les principaux centres d'exploitation sont : Mons, Mariemont, Liège, Charleroi, Namur ; quelques mines de fer, de zinc, de phosphates et de magnifiques carrières d'ardoise sur les pentes des Ardennes.

L'industrie verrière est très développée en Belgique et produit plus de 50 millions de francs. Elle est centralisée dans le Hainaut et la province de Liège.

D'après la statistique des houillères de Belgique, publiée en 1893, la production de 1891 est donnée par le tableau suivant :

CENTRES DE PRODUCTION	NOMBRE de MINES	NOMBRE de SIÈGES	PRODUCTION
1er arrondissement. — Couchant de Mons (Hainaut)	18	61	4.399.040T
2e Id. Charleroi (Ouest et Centre). Id.	19	57	4.822.080
3e Id. Charleroi Id.	33	67	4.969.250
4e Id. Namur.	14	15	546.537
5e Id. Liège (rive gauche de la Meuse)	26	43	2.906.675
6e Id. Liège (rive droite de la Meuse).	21	32	1.972.092
	131	275	19.615.644T

11

D'après une statistique, publiée par l'*Œstereichische Zeitschrift*, la production minière et métallurgique de la Belgique, en 1891, aurait été la suivante :

NATURE	PRODUCTION	NOMBRE DES USINES
Houille	19.615.644ᵀ	
Minerai de fer.	202.204	
— de plomb	70	
— de zinc	14.280	
— de manganèse.	18.500	
Pyrite de fer.	1.990	
Fonte.	684.126	19 usines, 28 hauts-fourneaux.
Fer.	497.387	64 usines, 485 fours à puddler.
Acier ouvré.	206.305	9 aciéries.
Zinc.	86.000	11 usines.
Plomb	12.700	3 usines.
Argent	33.950ᴷᵍ	

Elle occupait, en 1891 : 119.000 ouvriers aux charbonnages ;
                     1.527 ouvriers aux mines métalliques ;
                   26.800 ouvriers aux diverses usines.

Suivant les renseignements fournis par le *Colliery Guardian* des 2 et 9 février 1894, la production de l'année 1892 aurait été la suivante :

NATURE	PRODUCTION	SIÉGES D'EXPLOITATION OU USINES	NOMBRE D'OUVRIERS
Houille.	19.583.173ᵀ	271	118.578
Minerai de fer.	209.943		
Fonte	753.270	18 usines, 27 hauts-fourneaux.	2.730
Fer.	479.000	63 usines, 444 fours à puddler.	15.450
Aciers ouvrés	208.300	9 aciéries.	3.150

La Belgique a importé, en 1892, la quantité de 1.681.074ᵀ de minerai de fer.

Suivant les indications du journal *Engineering*, du 3 mars 1894, la production de 1893 aurait été la suivante :

           19.407.254ᵀ   de houille.
             768.296   de fontes diverses.
             502.178   de fer.
             273.058   de lingots d'acier.
             218.254   d'aciers ouvrés.

D'après une statistique du mois de décembre 1893, sur les aciéries de Belgique, ce pays avait dans ses diverses usines :

NOMS DES USINES	CONVERTISSEUR BESSEMER	FOURS MARTIN	PRODUCTION JOURNALIÈRE
Cockerill	3	3	115^T
Ougrée	2	1	56
La Louvière . . . . . '	2	»	45
Thy-le-Château	2	•	»
Athus	2	»	»
Renory	4	2	30
Sclessin	3	»	90
Couillet	4	2	72
La Providence	3	»	60
	25	8	468

Consistance de quelques charbonnages.

Bernissard (Les) : Charbonnage du Couchant-de-Mons, donnant 170.000^T.

Bois-d'Avray : Charbonnage du bassin de Liège, au nord de celui du Horloz; il compte 4 sièges d'exploitation, au nombre desquels celui d'*Ougrée*, qui occupe 370 ouvriers. Il alimente les usines de *Sclessin* et de l'*Espérance*.

Courcelle-Nord : Charbonnage de 430 hectares, du bassin de Charleroi; il compte 3 sièges d'extraction et produit 320.000^T. La Société des charbonnages de *Courcelle-Nord* est constituée au capital de 5.250.000 francs.

Ghlin : Charbonnage du bassin de Mons, d'une superficie de 2.310 hectares, produisant 90.000^T.

Gosson-Lagasse : Charbonnage du bassin de Liège, de 314 hectares; il compte 2 sièges d'extraction, produit 350.000^T et occupe 1.800 ouvriers soit à la mine, soit aux ateliers de triage et de lavage.

Grande-Machine-à-Feu : Charbonnage du Couchant-de-Mons, donnant 180.000^T.

Haine-Saint-Pierre : Charbonnage de 700 hectares, du bassin de Charleroi; il compte 3 sièges d'extraction donnant 140.000^T. Il est situé sur la voie ferrée de Charleroi à Mons.

Hasard (Le) : Charbonnage de 1.700 hectares, au sud-ouest de Liège; il a 2 sièges d'extraction donnant 280.000^T, 1 atelier de triage, 1 usine d'agglomérés, occupant ensemble 1.500 ouvriers. La mine est grisouteuse.

Haye (La) : Charbonnage de 288 hectares, à l'ouest de Liège; il produit 230.000^T et occupe 950 ouvriers. Une batterie de 60 fours Coppée, donne 75^T de coke par jour.

Hersthal : Charbonnage de 625 hectares, du bassin de Liège; il a 1 siège d'extraction produisant 70.000^T.

Horloz : Ce charbonnage, situé au Tilleur, sur la rive gauche de la Meuse, en amont de Liège, a une superficie de 273 hectares; il compte 2 sièges d'extraction donnant 350.000^T; 1 usine à coke de 40 fours Coppée donnant 100^T de coke par jour; les ateliers de triage et de lavage sont concentrés au Tilleur. L'ensemble occupe 2.250 ouvriers.

Louvière (La) : Charbonnage du bassin de Charleroi, près de la fonderie et des ateliers de construction de même nom; il a une superficie de 549 hectares, 4 sièges d'extraction et produit 190.000^T.

Mariemont et Bascoup (Société anonyme des charbonnages de): Les deux concessions réunies ont une superficie de 3.925 hectares, dans le bassin de Charleroi; elles comptent 11 sièges d'extraction, 1 usine d'agglomérés et produisent annuellement 1.125.000^T de charbon.

Marihaye : Charbonnage, à cheval sur la Meuse, d'une superficie de 1.530 hectares; usine à coke de 100 fours Coppée, usine d'agglomérés; il produit 420.000^T et occupe 2.000 ouvriers.

Ougrée : Charbonnage de 378 hectares, dans le bassin de Liège, à proximité de l'usine du même nom; il.produit 83.000^T.

Poirier (Le) : Charbonnage du bassin de Charleroi donnant 180.000^T.

Produits-de-Flénu : La Société houillère des *Produits-de-Flénu*, près de Mons, est constituée au capital de 4 millions de francs, représenté par 4.000 actions de 1.000 francs.

La concession a une superficie de 1.463 hectares, a 7 sièges d'extraction, 1 usine à coke, produit 550.000^T et occupe 3.000 ouvriers.

Sacré-Madame : Charbonnage à 1 kilomètre de Charleroi ; il compte 3 sièges d'extraction donnant 320.000^T et 1 usine d'agglomérés.

Seraing : Exploitation houillère de la Société Cockerill, s'étendant au sud, sur la rive droite de la Meuse, entre Seraing et Ougrée; elle produit 340.000^T, alimente les usines de Seraing et de la Mallieue et occupe 2.400 ouvriers.

Trieu-Kaisin : Charbonnage du bassin de Charleroi, de 568 hectares; il compte 5 sièges d'extraction, produit 330.000^T et occupe 1.600 ouvriers.

Mines de fer.

Louvière (La) : Mine de fer voisine de la houillère et des usines du même nom.

Ville-en-Warett : Mine de fer exploitée par les trois Compagnies industrielles et métallurgiques de *Seraing, Ougrée, Marcinelle et Couillet*; elle produit 30.000^T environ et occupe 260 ouvriers.

Mines de zinc.

Eschbouch : Mine de calamine, près de Moresnet; elle donne 3.000^T de minerai à l'atelier de préparation mécanique de Moresnet.

Engis-sur-Meuse : Mine de blende et de calamine, donnant 70^T par jour; elle appartient à la Société de la Vieille-Montagne.

Mallieue (La) : Mine de blende appartenant à la Société de la Nouvelle-Montagne, au capital de 3 millions de francs; elle donne 25.000^T de minerai traité à l'usine du même nom.

Pandour : Mine de calamine de la Société de la Vieille-Montagne, près de l'ancienne mine abandonnée de *Welkenrædt*; elle donne 5.000^T environ d'une bonne calamine à 45 p. 100 de zinc, qui sont expédiées à l'usine de *Flône*.

Moresnet : Anciennes mines de calamine, connues depuis 1445 et un instant abandonnées, mais reprises depuis peu. Il y a aussi à Moresnet deux ateliers de préparation mécanique : l'un pour l'enrichissement des argiles calamineuses extraites de l'ancien gîte, l'autre pour la préparation des minerais actuellement exploités à *Eschbouch*, *Pandour*, *Schmollgraf et Fossey;* ces deux dernières mines sont situées sur le territoire allemand.

Mines de phosphates.

Malogne : Mine et usine de craie phosphatée, sur la voie ferrée de Mons à Maubeuge, entre les stations de *Cuesmes* et de *Produits-de-Flénu;* sa production journalière atteint 350ᵀ avec 300 ouvriers.

Principaux établissements métallurgiques.

Angleur : Aciérie traitant les fontes de Sclessin; elle comprend : 2 convertisseurs Bessemer, 4 convertisseurs Thomas, 2 cubilots Robert pour les moulages d'acier, 1 forge, des laminoirs dont le train à rails produit 90ᵀ par jour; 1 tréfilerie et 1 fabrique de produits réfractaires tels que : briques, cornues, creusets, allonges.

Les aciéries d'Angleur et de Sclessin ont donné, en 1892, un bénéfice de 376.000 francs et un dividende de 25 francs par action.

Angleur : Usine à zinc de la Société de la Vieille-Montagne. La blende, toute grillée, lui arrive de Grèce, d'Espagne et d'Allemagne; elle comprend 28 fours belges de réduction et produit annuellement 6.000ᵀ de zinc.

La Société des fonderies de zinc de la Vieille-Montagne, au capital de 9 millions de francs, est la plus ancienne et la plus importante des sociétés s'occupant de la métallurgie du zinc; elle possède 21 établissements divers épars en Europe, aux sièges des exploitations.

Elle a dû abandonner, dans ces derniers temps, par suite de leur épuisement, l'exploitation de certains de ses gîtes de calamine (*Dios*, *Engis*, *Corphalie*, *Amplin*, *Welkenraedt*) et recourir aux minerais de Grèce, de Sardaigne, de France, d'Espagne, de Suède et d'Allemagne.

Les principales concessions, en Algérie et en France, sont : *Aïn-Barbar*, *Ouarsenis*, *Hammam-N'Bails*, *Messelmoun*, *Clairac*, *La Coste*, *Croix-de-Pallières*, *La Roque*, *Saint-Laurent-le-Minier*, *Valensole*, *Villecelle*, *Cavaillac*, *Mandagout*, *Saint-Félix-du-Gard*, *Valleraube;* elle possède aussi les mines de *Bensberg* (Allemagne), d'*Anneberg* (Suède), d'*Iglesias* (Sardaigne).

Elle a produit, en 1891, 55.000ᵀ de zinc brut, 51.800ᵀ de zinc laminé et 8.750ᵀ de blanc de zinc.

Ses usines sont à *Angleur*, *Oberhausen*, *Borbeck*, *Chenée*, *Flône*, *Tilff.*

Elle occupe plus de 7.000 ouvriers.

Athus : Usine fondée en 1874 et comprenant 2 hauts-fourneaux pouvant donner 180ᵀ de fonte. On y a ajouté, en 1881, une aciérie de 2 convertisseurs Thomas.

L'usine consomme les charbons et traite les minerais du Luxembourg et de Belgique; elle consomme par jour 800ᵀ de minerai et 350ᵀ de coke.

Bleyberg-ès-Montzen : Usine à plomb et à zinc, dans la province de Liège, près de la frontière allemande, sur la voie ferrée de Verviers à Aix-la-Chapelle; elle appartient à la Société *Escombrera-Bleyberg.*

Depuis l'inondation de la mine de Bleyberg, l'usine ne traite plus que des minerais étrangers d'Espagne, de France et de Sardaigne, pour zinc, pour plomb et pour argent. Les blendes mélangées qu'elle traite contiennent 40 p. 100 de zinc environ.

L'usine comprend 24 fours de grillage, 36 fours de réduction pour zinc et produit annuellement 6.000^T; cette production laisse 7.000^T de scories, qui, mélangées à de la galène, sont traitées pour plomb et pour argent; l'usine à plomb donne 1.500^T de plomb pur, 750^T de plomb antimonieux, 16^T d'argent et 600^T de litharge.

Les deux usines réunies occupent 450 ouvriers.

Boom : Usine à zinc, sur le Ruppel; elle tire ses minerais du *Laurium*, de *Sardaigne*, de *Ganges*, du Gard, d'Alméria et d'Algérie.

Elle expédie ses produits en Angleterre.

Chenée : Usine à zinc, sur la voie ferrée de Bruxelles à Cologne, au confluent de l'Ourthe et de la Vesdre; elle comprend un atelier de préparation mécanique, des fours de grillage, de réduction, des petits fours à réverbère pour deuxième fusion, des laminoirs.

La Société de la Vieille-Montagne, à laquelle appartient cette usine, possède encore à *Chenée*, des forges, fonderies, laminoirs et ateliers de chaudronnerie.

Corphalie : Usine à zinc sur la voie ferrée de Liège à Namur, appartenant à une Société austro-belge; elle tire ses minerais de Sardaigne, d'Allemagne et de Suède; elle compte 6 fours de grillage, 30 fours de réduction à 70 creusets et produit annuellement 10.000^T de zinc brut en lingots.

Elle occupe 470 ouvriers.

Engis : Usine à zinc traitant les minerais de France et d'Espagne; elle compte 18 fours de grillage, 25 fours de réduction, des laminoirs et produit 4.500^T de zinc laminé.

Espérance : Usine près de Liège, à Longdoz; elle comprend 2 hauts-fourneaux qui ont donné, en 1892, 20.000^T de fonte d'affinage et 32.000^T de fonte Thomas.

Les laminoirs ont produit 12.500^T de fers ébauchés et 15.000^T de tôles.

Flône : Usine à zinc de la Vieille-Montagne, à 15 kilomètres de Liège; elle comprend 11 fours de grillage, 20 fours silésiens à 108 creusets, donnant 7.000^T de lingots de zinc; Elle occupe 400 ouvriers.

Grivenée : Usine à fer, près de Liège; elle comprend 2 hauts-fourneaux traitant les minerais du Luxembourg, et donnant 30.000^T de fonte; une fabrique de fer, une tréfilerie, des ateliers de construction de bateaux et de chaudronnerie.

Hemixen : Usine à cuivre et fabrique d'acide sulfurique appartenant à la Société des mines et usines de *Vigsnaës.*

Elle est située sur l'Escaut, à 10 kilomètres en amont d'Anvers; elle traite les minerais de *Vigsnaës* et des pyrites, résidus d'usines de produits chimiques.

Elle donne 900^T de cuivre et 15.000^T d'acide sulfurique, lequel est envoyé par des tuyaux en plomb à une usine de superphosphates.

Hersthal : Manufacture d'armes de l'État, au nord de Liège ; elle peut produire 250 fusils par jour.

Jupille : Usine près de Liège ; elle est outillée pour la fabrication des tôles minces et moyennes ; elle comprend : 8 fours à puddler, 3 fours à réchauffer, 18 fours dormants, 1 marteau-pilon, des trains de laminoirs ; elle produit 15.000^T et occupe 200 ouvriers.

Louvière (La) : Usines comprenant : 2 hauts-fourneaux traitant les minerais du Luxembourg et de Bilbao ; une fonderie de tuyaux, des ateliers de construction de machines de la Société Franco-Belge, de construction de machines et de matériel de chemin de fer.

Aciérie de 2 convertisseurs Bessemer.

Mallieue (La) : Mine de blende et usine à zinc, sur la Meuse, près d'Engis, à la Société de la Nouvelle-Montagne ; l'usine compte 18 fours de grillage et 52 fours de réduction à 108 creusets ; les deux tiers du cuivre sont laminés, le surplus est vendu brut ; elle produit 15.000^T par an.

Elle traite les minerais de la mine voisine et ceux venus, tout grillés, de Suède, du Laurium et de Sakamody ; elle tire ses houilles de Seraing.

La Société des mines et fonderies de plomb et de zinc de la Nouvelle-Montagne est constituée au capital de 3 millions de francs.

Marchienne-au-Pont : Verrerie de l'Étoile, sur le bord de la Sambre et sur la voie ferrée de Mons à Charleroi ; elle produit 7.000^T environ de verre à vitre et occupe 450 ouvriers.

Il y a aussi à Marchienne les importantes usines de la Société des hauts-fourneaux et usines de la *Providence*.

Elles comprennent : 2 hauts-fourneaux pouvant donner 110^T de fonte, 1 usine à coke de 60 fours Smet, un hall de puddlage de 50 fours, des laminoirs, 1 fonderie, 1 aciérie Martin.

L'usine peut produire 80.000^T de fonte, 45.000^T de fers finis pour poutrelles et constructions, 3.000^T de moulage ; elle occupe 1.100 ouvriers.

Marcinelle et Couillet : Usine appartenant à la Société de ce nom, à 2 kilomètres de Charleroi ; elle comprend : 2 hauts-fourneaux pouvant donner 120^r d'affinage et traitant les minerais de *Ville-en-Warett* et de Rumelange ; 38 fours à puddler, 1 aciérie Bessemer de 4 convertisseurs, 2 fours Martin, 4 marteaux-pilons, 4 trains de laminoirs à fers profilés et à rails, des ateliers de chaudronnerie et de construction de locomotives ; elle produit pour 15 millions et occupe 5.500 ouvriers.

Montceau-sur-Sambre (Société des hauts-fourneaux de) : Hauts-fourneaux traitant les minerais du pays (Marchovelette).

Niell : Usine à ciments.

Ougrée : Usine importante sur la rive droite de la Meuse, entre Seraing et Liège ; elle comprend : 3 hauts-fourneaux dont 2 simultanément en feu, l'un donnant de la fonte manganésifère pour puddlage, l'autre de la fonte Bessemer ; ils traitent les minerais du Luxembourg, d'*Houssay* près Namur, d'Espagne, d'Algérie, de Suède et de Grèce ; 12 fours à puddler, 6 trains de laminoirs, une aciérie Thomas à 2 convertisseurs de 10^T; 1 four Martin, 1 atelier de rails et de bandages, 1 usine à coke de 180 fours Appolt, brûlant les charbons exploités sous l'usine même.

Elle a produit, en 1892, 100.000^T de fonte et 52.600^T d'acier; elle a consommé 260.000^T de combustible.

Nimy : Ateliers de construction comprenant des ateliers de montage, d'ajustage, 5 forges, 1 chaudronnerie et 1 atelier de construction de machines.

Providence (Société des hauts-fourneaux et usines de la): Au capital de 6.500.000 francs. Elle possède les forges de Marchienne-au-Pont, les hauts-fourneaux de Réhon et des forges importantes à *Hautmont* (Nord); elle est concessionnaire, pour moitié, des minerais de fer d'*Hussigny*, *Brainville* et *Lexy*.

Renory : Aciérie de 2 convertisseurs Bessemer et 4 convertisseurs Thomas; elle appartient à la Société des forges et aciéries d'Angleur et produit 50.000^T par an.

Selessin : Hauts-fourneaux, forges et aciéries, sur la Meuse et sur la voie ferrée de Liége à Seraing; cette usine appartient à la Société des forges et aciéries d'Angleur; elle comprend : 1 usine à coke de 9 fours, 2 hauts-fourneaux pouvant donner 100^T de fonte Thomas ou 120^T de fonte d'affinage, 50 fours à puddler, des marteaux-pilons, des laminoirs donnant 6.000^T par mois.

Les forges produisent surtout des fers marchands et de grosses pièces pour construction de ponts.

L'usine occupe 1.800 ouvriers.

Seraing : Hauts-fourneaux, forges et aciéries de la Société *Cockerill*, fondée en 1842, et ayant, à ce jour, un capital de 15 millions de francs.

L'usine comprend : 5 hauts-fourneaux de dimensions diverses pouvant donner ensemble 350^T de fonte; la production annuelle est de 150.000^T de fonte; les forges donnent 32.000^T de fer profilés, marchands.

L'aciérie comprend : 3 convertisseurs Bessemer, 4 fours Martin de 12^T, 7 trains de laminoirs, 1 atelier de rails et de bandages, et produit 80.000^T.

Les fonderies produisent 6.000^T de fonte moulée.

L'usine occupe, dans son ensemble, 2.850 ouvriers.

La Société Cockerill exploite aussi les houillères de Seraing et fabrique elle-même son coke.

Tillf : Usine d'affinage et de laminage de zinc sur l'Ourthe; elle appartient à la Société de la Vieille-Montagne.

L'usine, qui possède 8 laminoirs dont 5 sont mus par une turbine, peut laminer 40^T de zinc par jour.

Elle produit des feuilles de zinc destinées au satinage du papier et qui sont soumises à des pressions de 200 atmosphères.

Thy-le-Château : Aciérie de 2 convertisseurs qui doit être accrue de trois autres convertisseurs; hauts-fourneaux, fabrique de fers divers.

Valentin-Coq : Usine à zinc de la Vieille-Montagne reliée à la station de Jemeppe ; elle compte 60 fours silésiens de réduction à 108 creusets, produisant environ 20.000^T de zinc par an.

Les minerais viennent de Moresnet, de Grèce, de Sardaigne et de Suède.

Val-Saint-Lambert (Société anonyme de cristallerie de) : L'usine est située sur la Meuse et sur la voie ferrée de Liège à Seraing ; elle tire son sable de Fontainebleau, ses charbons de Marihaye et occupe 2.600 ouvriers.

La même Société possède 3 autres établissements : *Herbatte*, près Namur ; *Jambes* et *Jemeppe*, près de Liège ; la valeur de la production annuelle atteint 7.500.000 francs.

Il y a aussi, à Val-Saint-Lambert, 1 usine à coke de la Société des fonderies et hauts-fourneaux *Curicque et Compagnie*, de Micheville.

Vennes : Fonderie de tuyaux, créée en 1865, par une Société au capital de 10 millions de francs.

Elle produit environ 18.000^T par an avec 6 cubilots ; sa fonte lui vient du bassin de Longwy et d'Angleterre, le charbon des environs, et le coke du bassin de la Ruhr ; elle occupe 900 ouvriers.

Wasmes : Fonderies et ateliers de construction.

GRANDE-BRETAGNE

GRANDE-BRETAGNE

Le royaume uni de Grande-Bretagne comprend trois États : l'*Angleterre* proprement dite qui compte une population de 26 millions d'habitants ; l'*Écosse* et l'*Irlande* comptant, à elles deux, 10 millions d'habitants.

Le sol est peu montagneux et les sommets les plus élevés qui se trouvent au nord, entre l'Angleterre et l'Écosse (monts Cheviot), et, plus au sud dans le pays de Galles, ne dépassent pas 1.100 mètres d'altitude. Le surplus est composé de collines, de vallées et de plaines, qui deviennent marécageuses dans le nord-est.

Ses richesses minérales sont considérables et se montrent surtout dans les deux vastes bassins houillers de l'Écosse et du South-Walles, et dans le *Cornwall* et le *Devon*, très riches en étain.

Les nombreux ports répartis sur ses côtes, près des centres même de production, facilitent les exportations à des conditions avantageuses de prix, par suite de la réduction des frais de transport par terre.

Quant à ses richesses agricoles, elles ne sont dues qu'à des méthodes très perfectionnées, car le sol n'est pas naturellement fertile.

Au point de vue administratif, les trois États de la Grande-Bretagne, sont divisés en comtés, ainsi qu'il suit :

Angleterre	55 comtés.
Écosse.	33 —
Irlande	32 —

Au point de vue de l'industrie minérale, la Grande-Bretagne est divisée en 14 districts, à la tête de chacun desquels est un *inspecteur* des mines. Certains de ces districts n'ont pas le même périmètre, suivant qu'il s'agit de mines de houille ou de mines métallifères. Ils sont numérotés de 1 à 14, du nord au sud. L'Écosse forme les deux premiers districts au nord ; l'Irlande forme la plus grande partie du sixième district ; les onze autres sont compris dans l'Angleterre proprement dite.

Les mines de la Grande-Bretagne, à l'exception de celles d'or et d'argent, appartiennent au propriétaire du sol qui peut donner, à bail, le droit de fouiller et d'exploiter, moyennant une redevance annuelle composée d'une partie fixe et d'une partie variable, proportionnelle à l'extraction.

Le tableau ci-après donne les noms des comtés, par État, dans l'ordre alphabétique et avec l'indication du numéro du district dans lequel chacun d'eux est compris :

DISTRICT	ANGLETERRE	DISTRICT	ÉCOSSE	DISTRICT	IRLANDE
7, 9	Anglesey.	1	Aberdeen.	6	Armagh.
8	Bedford.	2	Argyll.	»	Autrim.
8	Berks.	2	Ayr.	»	Carlow.
9, 12	Brecknock.	1	Banff.	»	Cavan.
8	Buckingham.	1	Berwick.	»	Clare.
13	Caermarthen.	2	Bute.	»	Corck.
8	Cambridge.	1	Caithness.	»	Donegal.
9	Cardigan.	1	Clackmannam.	6	Down.
9	Carnavon.	2	Dumbarton.	»	Dublin.
6, 10	Chester.	2	Dumfries.	»	Fermanagh.
14	Cornwaall.	1	Edinburgh.	»	Galway.
3	Cumberland.	2	Elgin.	»	Kerry.
7, 9	Denbigh.	1	Fife.	»	Kildare.
8	Derby.	1	Forfar.	»	Kilkenny.
12, 14	Devon.	1	Haddington.	»	King's.
12, 14	Dorset.	1	Inverness.	»	Leitrim.
3, 4	Durham.	1	Kincardine.	»	Limerick.
10	Essex.	1	Kingros.	»	Londondery.
7, 9	Flint.	2	Kirckudbright.	»	Longford.
12, 13	Glamorgan.	1	Lanark.	»	Louth.
12	Gloucester.	1	Linlithgow.	»	Mayo.
11	Hamptshire.	1	Nairn.	»	Meath.
12	Hereford.	1	Orkney.	»	Monaghan.
1	Hertford.	1	Peebles.	6	Queen's.
8	Huntingdon.	1	Perth.	»	Roscommon.
6	Kent.	2	Renfrew.	»	Sligo.
3, 6	Lancaster.	1	Ross et Cromatry.	»	Tipperary.
8	Leicester.	1	Roxburgh.	»	Tyrone.
5	Lincoln.	1	Selkirk.	»	Watterford.
9	Mérioneth.	1	Shetland.	»	Westmeath.
6	Midlessex.	2	Stirling.	»	Wexford.
12	Monmouth.	1	Sutherland.	»	Wicklow.
9	Montgomery.	2	Wightown.		
11	Norfolk.				
8	Northampton.				
3	Northumberland.				
8	Nottingham.				
8	Oxford.				
13	Pembroke.				
9	Radnord.				
8	Rutland.				
9, 10	Shrop.				
12, 14	Sommerset.				
10	Stafford.				
11	Suffolk.				
6	Surrey.				
6	Sussex.				
8	Warwick.				
4	Westmoreland.				
12	Wilts.				
11	Worcester.				
4, 5	York.				

Au point de vue de la répartition et de la richesse des houillères, la Grande-Bretagne compte quatre grands bassins houillers :

1° Le bassin houiller d'Écosse, d'Édimbourg à Glasgow, occupant les vallées de la Tyne (rive gauche), et du Forth, produisant plus de 25 millions de tonnes ;

2° Au nord-est de l'Angleterre, le bassin de Durham, de Northumberland et de Cumberland, ou bassin de Newcastle, produisant près de 40 millions de tonnes ;

3° Le grand bassin houiller du Centre comprenant presque tous les comtés de la région, notamment le Yorkshire, le Lancashire, le Derbyshire et produisant près de 82 millions de tonnes ;

4° Le bassin du pays de Galles, produisant 35 millions de tonnes.

Le tableau suivant donne la production houillère par comté et par bassin houiller :

BASSIN HOUILLER	COMTÉS QUI LE COMPOSENT	PRODUCTION	
		DU COMTÉ	DU BASSIN HOUILLER
Bassin d'Écosse ou du Nord	Ayr	3.386.000ᵀ	25.017.000ᵀ
	Clackmannan	444.000	
	Dumbarton	366.000	
	Edimburgh	884.000	
	Fife	3.301.000	
	Lanark	14.093.000	
	Linlithgow	856.000	
	Stirling	1.687.000	
Bassin de Newcastle ou du Nord-Est	Durham	28.807.000	39.508.000
	Cumberland	1.670.000	
	Northumberland	9.031.000	
Bassin du Centre	Cheshire	676.000	81.922.000
	Derbyshire	10.540.000	
	Lancashire	22.223.000	
	Leicestershire	1.529.000	
	N. Staffordshire	5.112.000	
	S. Staffordshire	8.914.000	
	Nottingham	7.221.000	
	Shrop	692.000	
	Warwich	1.780.000	
	Worcester	940.000	
	Yorkshire	22.295.000	
Bassin du Pays de Galles	Brécon	272.000	35.340.000
	Carmarthen	725.000	
	Denbigh	2.212.000	
	Glamorgan	21.765.000	
	Gloucester	1.360.000	
	Monmouth	7.159.000	
	Pembroke	75.000	
	Sommerset	915.000	
	Flint	857.000	
TOTAL POUR LES QUATRE BASSINS			181.787.000

D'après les renseignements statistiques fournis par *the Mineral Statistics of united Kingdom*, par *Industries and Iron*, *the Iron and steel Institute* et par le *Bulletin de l'industrie minérale*, la production minérale et métallurgique de la Grande-Bretagne, pour l'année 1892, aurait été la suivante :

Houille.	181.787.000^T
Schiste bitumineux.	2.123.376
Minerai de fer.	11.312.000
— de plomb.	45.000
— de zinc.	22.000
— de cuivre.	9.991
— d'étain	14.558
— de manganèse	6.100
— d'aluminium	7.440
Ardoises.	424.930
Phosphate.	12.400
Sel	1.988.000

Production des usines.

Fonte.	6.709.000
Fers marchands.	265.000
Lingots Bessemer.	1.500.810
Lingots Martin	1.419.000
Rails d'acier.	535.850
Plomb	44.936
Zinc.	22.503
Cuivre	79.600
Étain.	11.687
Antimoine	3
Argent.	17.578^{kg}
Or.	111^{kg}

La Grande-Bretagne a importé 1.378.650^T de minerai de fer en 1892.

Les minerais indigènes de cuivre et les minerais filoniens d'étain du Cornwaal ont produit 700^T de cuivre métal et 9.500^T d'étain.

D'après la *Revista mineria*, la Grande-Bretagne avait en activité, au 30 juin 1893, 345 hauts-fourneaux, répartis dans 149 usines.

D'après le *Journal des Mines* elle avait, en 1892, 3.401 mines de houille en activité, occupant 683.000 ouvriers; 854 mines métalliques, occupant 38.000 ouvriers.

Les usines et ateliers occupaient 721.000 ouvriers.

D'après une statistique publiée par le journal *the Colliery Guardian*, à la date du 16 mars 1894, la production de la fonte, en 1892 et 1893, se serait répartie ainsi qu'il suit par district :

NOMS DES DISTRICTS	NOMBRE des HAUTS-FOURNEAUX	1892	1893
Cleveland	85	1.937.469	2.724.184
Scotland	53	977.213	783.867
Cumberland	19	574.246	580.884
Lancashire	20	591.976	593.488
South-Walles	22	683.300	679.595
Lincolnshire	10	212.079	194.316
Northamptonshire	10	161.956	142.282
Derbyshire	15	241.852	157.973
Nottingham, Leicestershire	13	276.173	201.357
North Staffordshire	15	238.846	190.365
South Staffordshire	24	346.725	329.431
South and west Yorkshire	13	244.742	155.598
Shropshire	6	50.107	38.441
North-Walles	3	45.573	30.527
Other districts	2	34.643	27.333
TOTAUX	310	6.616.890	6.829.841

D'après une statistique d'origine allemande, les 45.000^T de minerai de plomb et les 22.000^T de minerai de zinc produits par la Grande-Bretagne, se répartissent ainsi qu'il suit par comté :

COMTÉS	PLOMB	ZINC	
Écosse	4.500^T	»	
Cumberland	2.900	1.900^T	(Neuthead.)
Durham	8.200	»	
Northumberland	3.600	»	
Westmoreland	1.700	»	
Yorkshire	1.700	»	
Ile de Man	7.300	9.500	(Great-Laxey.)
Derbyshire	4.800	»	
Cardigan	2.500	»	
Denbighshire	»	2.400	(Minera.)
Flintshire	5.600	»	
Montgomery	»	3.000	(Vau.)
Shropshire	2.900	»	
Cornwaal	»	5.200	(Chiverton.)
TOTAUX	45.000	22.000	

13

ÉNUMÉRATION DES PRINCIPALES MINES ET USINES PAR DISTRICT

DISTRICT I

Il comprend vingt-trois comtés formant la partie septentrionale et orientale de l'Écosse et embrassant les deux tiers de sa surface.

Il compte plus de 300 charbonnages, occupant ensemble 52.000 ouvriers et dont les plus importants sont : Aberdeen, Addingthon, Banff, Batgate, Berwick, Bolton, Bréchin, Cadzow, Clyde, Cumberland, Dembeath, Devon, Dingwal, Dundee, Earnock, Edimburgh, Elgin, Falleland, Greenfield, Grieff, Hamilton, Inverness, Inverrury, Keith, Kinross, Kirkaldy, Kirriémir, Leith, Leslié, Leven, Loghelly, Montroze, Nairn, Newbatte, Newburgh, Nidrie, Peebles, Perth, Péterhead, Stonehaven, Saint-Adrews, Selkirck, Tain, Thurso, Wick, Whitohill.

1 mine de *plomb* à *Leadhills* (comté de Lanark), donnant 4.000^T et occupant 230 ouvriers.

1 mine de *mercure*, dans le comté de Berwick.

1 exploitation de *pétrole*, autrefois très prospère et qui a donné plus de 2.300.000^T, de 1850 à 1891.

DISTRICT II (ÉCOSSE OCCIDENTALE)

Il compte plus de 220 mines de charbon, dont les plus importantes sont : Airdrie, Aldrossan, Annam, Baillerston, Cleland, Coatbridge, Chryston, Dombarton, Douglas, Dumfries, Galston, Glasgow, Greenock, Kilbirmi, Kirkudbright, Lanark, Langtown, Maybole, Muirkill, Newton, Paisley, Renfrew, Stewarton, Stonehouse, Talboston, Wigtown.

Plusieurs mines de *fer*.

1 mine de plomb abandonnée, à Wanlockhead.

DISTRICT III (NEWCASTLE)

Il comprend Cumberland, Northumberland et Durham pour les houilles, plus une partie du Lancashire pour les autres mines.

Il compte 240 mines de charbon, notamment à Alston, Addison, Allendale, Ashington, Aspatria, Blaydon, Carlisle, Clara-Vale, Combois, Cowpen, Darbington, Emma, Gatteshead, Harrington, Hartepool, Hexam, Ielburgh, Marypon, Morpeth, Newcastle, North-Shields, Rholbury, Sunderland, Stanhope, Stargate, Stockton, Tynmouth, Wittehaven, Wittburn.

Plus de 60 mines de *fer* à Biggrig, Cléator, Frizington, Hoodbarow, Lindal-More, Parkside (600.000^T).

Des mines de *plomb* à Alston, Hexam.

Des mines de *plomb* et de *zinc* à Kesswig, Neuthead.

Des usines à *Barrow-in-Furness*.

DISTRICT IV (DURHAM)

Ce district comprend les comtés de Durham, Westmoreland et le nord du Yorkshire. il compte 240 mines de houille, notamment à Aldboro, Alterton, Ambléside, Bishof-Aukland, Bridlington, Crook, Dalton, Durham, Guisbro, Harrogatte, Kendal, Knaresboro, Midlesboro, Pattley-Bridge, Porklington, Richmond, Ripon, Ripley, Saltburn, Scarborough, Seaham, Sedbergh, Skipton, Tirsk, Ulverston, Willington, York.

Des mines de *fer* à *Stanhope*.

Des mines de plomb à Longdale, Stainton, Teesdale, Weardale.

1 importante usine à *Consett*.

DISTRICT V (YORKSHIRE AND LINCOLNSHIRE)

Nombreuses mines de charbon à Barnsley, Bingley, Boston. Bradford, Doncaster, Dwesbury, Grimsby, Halifax, Hemden, Huddersfield, Hull, Leeds, Lincoln, Louth, Rotterham, Sheffield, Wakefield.

Mines de *fer* à Brigg, Lincoln.

Mines de *plomb* à Skipton, Pattley-Bridge.

Exploitation d'ardoises à *Leeds*.

Importante usine *Ayressone*, à Middlesborugh.

DISTRICT VI (MANCHESTER ET IRLANDE)

Ce district comprend le Lancashire et l'Irlande pour les houilles, plus le Cheshire, Kent, Middlessex, Surey et Sussex pour les mines métalliques.

Nombreuses mines de charbon, notamment à Accrington, Alston, Bedford, Bolton, Bacup, Bury, Chamber, Knowless, Lower, Rossendale, Skehana, Victoria.

Des mines de *fer* à Autrim, Parkmore, Tuftaney, Wiclow.

Des mines de *plomb* à Coolartra.

Des mines de *cuivre* à Fraloghy, Galway, Killeem, Truska, Wiclow.

DISTRICT VII (LIVERPOOL)

Mines de charbon à Baggilt, Bangor, Bickershaw, Conway, Dalton-in.-Furness, Denbigh, Flint, Haydock, Mold, Rhyl, Rhutin, Saint-Helens, Wigan, Wrexham.

Des mines *de plomb* à Mold.

Une grande aciérie à Warington.

DISTRICT VIII (MIDLAND)

Il comprend : Derby, Leicester, Nottingham et Warwick pour les charbons, Bedford, Becks, Beckingham, Cambridge, Derby, Huntingdon, Leicester, Worthampton, Nottingham, Oxford, Rutland et Warwick, pour les mines métalliques.

Importantes mines de charbon, notamment à Alfreton, Ashby, Bolsover, Chesterfield, Eckington, Killamarash, Nottingham, Clifton, Tamsworth, Ridgeway, Unstone, Withewell.

Mines *de plomb* à Alport, Ashford, Bradwell, Buxton, Castleton, Cromford, Eton, Hopton, Griff-Grange, Joulgrave, Midleton, Mongash, Neuhaven, Wirksworth.

Usines à Birmingham.

DISTRICT IX (GALLES DU NORD ET ILE DE MAN)

Il comprend : Anglesey, Brécon, Cardigan, Carnavon, Denbigh, Flint, Mérioneth, Montgomery, Radnor, Shrop et l'île de Man, pour les mines métalliques.

Nombreuses mines *de plomb*, parmi lesquelles celle de *Hafna.*

Mines de *cuivre* et de *zinc* à Minera. Elles occupent 5.000 ouvriers et donnent plus de 14.000^T.

Mines de *manganèse*, à Barmouth et à Harlesh.

Mines *d'argent*, dans le Cardigan.

Salines occupant 4.000 ouvriers.

Phosphates, à Berwyn.

DISTRICT X (STAFFORDSHIRE-NORD)

Nombreuses mines de charbon, notamment à Goldenkill, Harecastle, Ipstones, Langton, Silverdale, Stocke, Tunstale.

Usines à Stoke-upon-Trent, à Wolwerhampton.

Salines, à Northwich.

DISTRICT XI (STAFFORDSHIRE-SUD)

Il comprend Staffordshire-sud et Worcester pour les charbons, plus Essex, Norfolk et Suffolk, pour les mines métalliques.

Mines de charbon et de fer à Abridge, Bilston, Brownkills, Cradley, Dudley, Lye, Oldbury, Tripton, Walsaal, Wednesbury, Wolwerhampton.

Nombreuses usines, notamment à Bilston, Walsaal, Wednesbury, Wolwerhampton.

DISTRICT XII (SOUTH-WESTERN)

Nombreuses mines de charbon, notamment à Aberbeeg, Benford, Bristol, Caerphily, Codeford, Coleford, Bleanavon, Lydney, Pengham, Pontypool, Radstock, Temdale, Tredegar, Victoria, Wartheg, Wittecropt.

Usines à Bristol, Cardiff, Ebbwale, Newport, Tredegar, Westbury, Windford.

DISTRICT XIII (GALLES DU SUD)

Il compte près de 400 mines de charbon, entre autres à Aberdare, Burry, Caermarthen, Dowlais, Glanamman, Glyn, Harris-Navigation, Llannely, Llandebie, Liwympia, Merthyr, Neath, Pembrey, Pontypride, Pyle, Swansea.

Mines *d'or* de Clogau.

Exploitation d'ardoises de Caermarthen.

Usines à Aberdare, Blayne, Caermarthen, Dowlais, Landore, Pyle, Swansea.

DISTRICT XIV (CORNWAAL AND DEVON)

Mines de fer, à Brimley, Killy-Shéring, Molland, North-Molton, Preddy.

Mines de *plomb*, à Comborne, Preddy.

Mines de *cuivre*, à Calstock, Comborne, Hayle, Illogan, Saint-Just, Tavistock.

Mines *d'étain*, à Breage, Calstock, Comborne, Dolcoath, Illogan, Sainte-Agnès, Saint-Just, Redruth, Wheal-Kitty.

Nombreuses usines, notamment à Redruth, Hayle, Truro, Beer-Alston.

Consistance de quelques mines et usines.

Exploitation houillère : 181.787.000^T en 1892.

Ashington (District 3) : Houillère du Cumberland, comptant 3 puits d'extraction et produisant 1.250.000^c. Elle est située à 9 milles au nord de Newcastle et à un demi-mille de la station *Ashington* du North-Estern railway.

Ashton (District 3) : Exploitation houillère du Lancashire, la plus profonde du monde, 980 mètres.

Baggilt : Exploitation dans le Flintshire (District 7), connue sous le nom de *Bettisfield Colliery.*

Bolton (District 6) : Exploitation de Lancashire, produisant 600.000^T et occupant 1.200 ouvriers.

Cardiff : Chef-lieu du comté de Glamorgan (district 12), sur le canal de Bristol; grand centre de production. Son port exporte plus de 30.000.000^T de charbon et 160.000^T de minerai de fer.

Clifton-Colliery : Exploitation du comté de Nottingham (district 8), donnant un charbon très pyriteux qui ne rend que 53 p. 100 de coke.

Combois : Charbonnage du Northumberland (district 3), donnant 400.000^T et occupant 800 ouvriers.

Cowpen : Charbonnage du Northumberland, près du port de Blyth, sur la Tyne.

Harris-Navigation : Exploitation dans le bassin houiller du sud du pays de Galles (district 13), bassin qui a une superficie de 260.000 hectares. Ce charbonnage a 2 puits jumeaux d'extraction, produisant 600.000^T et occupant 1.800 ouvriers.

Liwympia : Charbonnage du comté de Glamorgan (district 13), au centre de la vallée de la Roudda. Il produit 850.000^T et occupe 3.000 ouvriers.

Llannely : Charbonnage du South-Walles (district 13), produisant 350.000^T.

Seaham Colliery : Mine de houille sur le littoral du district 4, appartenant au marquis de Londondery. Elle compte 5 puits d'extraction dont l'un dépasse 270 mètres de profondeur et a 7 mètres de diamètre. La mine est très grisouteuse et un accident, survenu en 1880, y tua 70 ouvriers et 200 chevaux. La production annuelle dépasse 700.000^T.

Silksworth : Autre charbonnage du Durham (district 4), au marquis de Londondery. Il produit 1.000.000^T et embarque ses charbons au port de Sonderland, à 5 kilomètres de Seaham.

Temdale : Houillère importante dans le South-Western (district 12), aux environs de Cardiff.

Wittehaven : Exploitation dans le Cumberland (district 3). Elle est sous-marine et appartient à lord Londasle qui a acheté, pour 2 millions, une concession s'étendant à 6 milles en mer. La production dépasse 1.000^T par jour.

Wittburn : Charbonnage du district 3, d'une superficie de 3.230 hectares, donnant 450.000^T et occupant 1.900 ouvriers.

Mines de fer.

Elles ont produit 11.312.000^T en 1892.

Les deux plus importantes paraissent être :

Hod-Barrow, dans le comté de Newcastle (district 3) : Elle donne 600.000^T d'hématite rouge, rendant 55 à 60 p. 100 de fer. Elle appartient à *the Barow hematite Steel Company*, qui possède une magnifique usine à Barrow.

Parkside : Mine d'hématite rouge, près de Wittehaven (district 3). Elle est exploitée depuis 1850 et donne annuellement 600.000^T.

Mines de plomb.

Elles ont produit 45.000^T en 1892.

Elles sont ainsi réparties :

Districts (1, 2)	— Leadhills, Wanlockhead	4.500^T
— (3)	— Alston, Hexam, Kesswig, Neuthead	5.900

Districts	(4)	— Longdale, Stainton, Teesdale, Weardale	7,600
—	(5)	— Pattley-bridge, Skipton	
—	(6, 7)	— Coolartra, Mold	
—	(8)	— Alport, Asford, Bradwell, Buxton, Castleton, Crumford, Elton, Griff-Grange, Hopton, Joulgrave, Midleton, Mongash, Newhaven, Wirksworth	12.850
—	(9-14)	— Ilafna, Minera, Comborne, Preddy	14.650

Mines de cuivre. 10.000^T de minerai, en 1892.

(District 6) : Fraloghy, Galway, Killeem, Truska, Wiclow.

(District 9) : Mineira.

(District 14) : Calstock, Comborne, Hayle, Illogan, Tavistock, Great-Devon-Consols, Wheal-Kitty.

La mine de Hayle, dans le Cornouailles, produisait naguère 7.000^T de minerai à 7 p. 100 de cuivre, donnant environ 1.000^T de metal; actuellement, l'exploitation coûteuse du cuivre est abandonnée pour celle de l'étain.

Mines d'étain. 14.500^T de minerai en 1892.

(District 14) : Breage, Calstock, Comborne, Dolcoath, Illogan, Sainte-Agnès, Saint-Just, Redruth, Wheal-Kitty.

On compte 8 usines à étain à Redruth, Dolcoath, Truro, Hayle, Tinkroft, Bear-Alston.

Mines de zinc. 22.000^T de minerai, en 1892.

(District 3) : Kesswig, Neuthead.

(District 9) : Mineira, Great-Laxey.

(District 14) : Wheal-Kitty, Chiverton.

On compte plus de 60 mines dans le Cornouailles et l'île de Man; le centre de la production métallurgique est à Swansea.

Mines de manganèse. 6.000^T, en 1892.

(District 9) : Barmouth, Harlesh.

Principaux établissements métallurgiques.

Aberdare : Hauts-fourneaux et fonderies, dans le comté de Glamorgan.

Ayressone : Usine à fonte, à Middlesborough, à l'embouchure de la Teis, possédant 4 hauts-fourneaux; aciéries Bessemer.

Barnsley : Fonderies importantes du comté d'York.

Barrow-in-Furness : Grande usine du Lancashire, appartenant à l'*Hématite Steel Company;* elle est alimentée par les hématites du Cumberland et par les minerais étrangers.

Elle comprend : 14 hauts-fourneaux, 10 convertisseurs Bessemer, 4 fours Martin, des laminoirs, un grand atelier pour rails. Elle occupe 10.000 ouvriers.

Birmingham : Nombreuses usines métallurgiques. Usine d'aluminium de *Credenda* et usines pour tubes de tous genres, chaudières, vélocipèdes.

Blochairn : Grande aciérie d'Écosse.

Bolton : Grande ville industrielle du comté de Lancaster. Centre houiller très important; fonderies, ateliers de construction, fabriques de produits chimiques.

Cardiff : Chef-lieu du comté de Glamorgan, à l'embouchure de la Taaf, dans le canal de Bristol. Grand port de commerce créé, vers 1840, pour les débouchés des houilles et des fers du pays de Galles.

Il y a de nombreuses usines, entre autres une usine à cuivre qui traite par voie humide et précipitation les minerais très pauvres qui lui arrivent d'Algérie, après y avoir subi déjà une préparation mécanique.

Consett : Très importante usine à 14 milles, de Durham et à 15 milles de Newcastle. Elle possède 10 mines de houille en activité donnant plus de 1.000.000^T, 1.050 fours à coke donnant 500.000^T, 7 hauts fourneaux de 55 pieds, 46 fours à puddler, 7 fours Martin de 25^T, 1 briqueterie. Elle occupe 6.000 ouvriers.

Cower : Usine à fer-blanc.

Dovon : Mines de cuivre et d'arsenic; usine de *Great-Devon-Consols*, donnant plus de 2.000^T d'acide arsénieux.

Dowlais : Usine à fer, à 40 kilomètres de Cardiff où elle embarque ses produits et par où elle reçoit ses minerais.

Elle comprend 4 hauts-fourneaux traitant les minerais pauvres du pays associés aux minerais de Bilbao, l'île d'Elbe, Marbella, Beni-Saf. Elle consomme les charbons de la mine voisine *Dowlais-Cardiff Colliery* et les cokes qu'elle fabrique en grande partie.

L'aciérie comprend : 4 paires de convertisseurs Bessemer, 6 fours Martin et des laminoirs, notamment pour rails.

Elle livre annuellement 100.000^T d'aciers finis et occupe 8.000 ouvriers.

Ebbwale : Usines et aciérie dans le Monmouthshire.

Guisborough : Hauts-fourneaux importants, dans le district 4.

Hayle : Usine à étain, dans le Cornouailles.

Landore : Usine d'étamage, près de Swansea. Elle se compose d'une petite usine où elle convertit en fer, dans 8 fours à puddler, les fontes venues d'ailleurs, et de l'usine d'étamage proprement dite où le fer est mis en tôle, décapé et étamé. Elle occupe 600 ouvriers.

Jarrow-on-Tyne : Usine à fer comptant 3 hauts-fourneaux, forges, laminoirs, ateliers de construction de navires.

Leeds : Grande ville industrielle de 320.000 habitants, dans le comté d'York. Exploitation de houilles et d'ardoises; usines métallurgiques, fonderies, clouteries, construction de machines; faïenceries, verreries; fabriques de produits chimiques.

Loftus : Groupe de hauts-fourneaux, du district de Durham.

Llannely : Ville de 30.000 habitants, dans le comté de Caermarthen. Hauts-fourneaux et fonderies; au centre, de nombreuses mines de houille, de fer et de cuivre.

Moukland : Hauts-fourneaux et forges d'Écosse.

Neath : Usine à fer-blanc, du Glamorganshire. Elle tire ses fontes de Dowlais et d'Ebbwale.

Pyle : Très importants hauts-fourneaux du Monmouthshire.

Redruth : Riches mines de cuivre et d'étain ; 2 fonderies d'étain traitant les minerais du pays et ceux d'Australie et de Bolivie, d'une teneur moyenne de 60 p. 100, après une première préparation au lieu même de l'exploitation.

Rotterham : Ville de 25.000 habitants, dans le Yorkshire. Centre d'exploitation de houille et de fer ; hauts-fourneaux, forges et aciéries ; verreries ; fabriques de produits chimiques.

Sheffield : Aciéries et fonderies d'acier au Creusot.

Swansea : Ville industrielle de 70.000 habitants, dans le comté de Glamorgan. Centre d'exploitation de houille de fer et d'étain ; usines métallurgiques.

Stock-upon-Trent : Forges, fonderies, tréfileries, clouteries ; construction de machines ; grande exploitation de métaux.

Skelton : Hauts-fourneaux du district de Durham.

Thudoé : Usine à fer et aciérie de la Compagnie des mines de houille et de fer de Weardale. Elle comprend : 9 hauts-fourneaux de 85 pieds, 66 fours à puddler, 9 fours Martin, 4 anciens convertisseurs Bessemer.

Tredegar : Ville industrielle, dans le comté de Monmouth, à 40 kilomètres au nord de Cardiff. Usine à fer comprenant : 4 hauts-fourneaux traitant les minerais du pays et ceux de Marbella, Bilbao, l'île d'Elbe, Mokta-el-Hadid, Forest-of-Dean. Le coke nécessaire est fabriqué à l'usine avec les charbons des mines voisines.

L'aciérie comprend 2 convertisseurs Bessemer de 10^T, des laminoirs et ne produit que de l'acier pour rails ou pour traverses. Les mines et l'usine occupent 8.000 ouvriers.

Warington : Ville de 35.000 habitants, sur la Mersey, dans le Lancashire. Aciérie appartenant à la *West-Cumberland Iron and Steel Company.* Elle traite les minerais d'Espagne, de Grèce, d'Algérie et surtout ceux du Cumberland. Elle comprend : 6 hauts-fourneaux de 22 mètres, 4 convertisseurs Bessemer, 4 fours Martin, 1 atelier de forge et de laminage, 1 tôlerie.

Walsaal : Fonderies et usines, dans le comté de Stafford.

Wolwerhampton : Usine dans le comté de Stafford, comprenant 4 hauts-fourneaux et 8 fours à puddler.

ALLEMAGNE

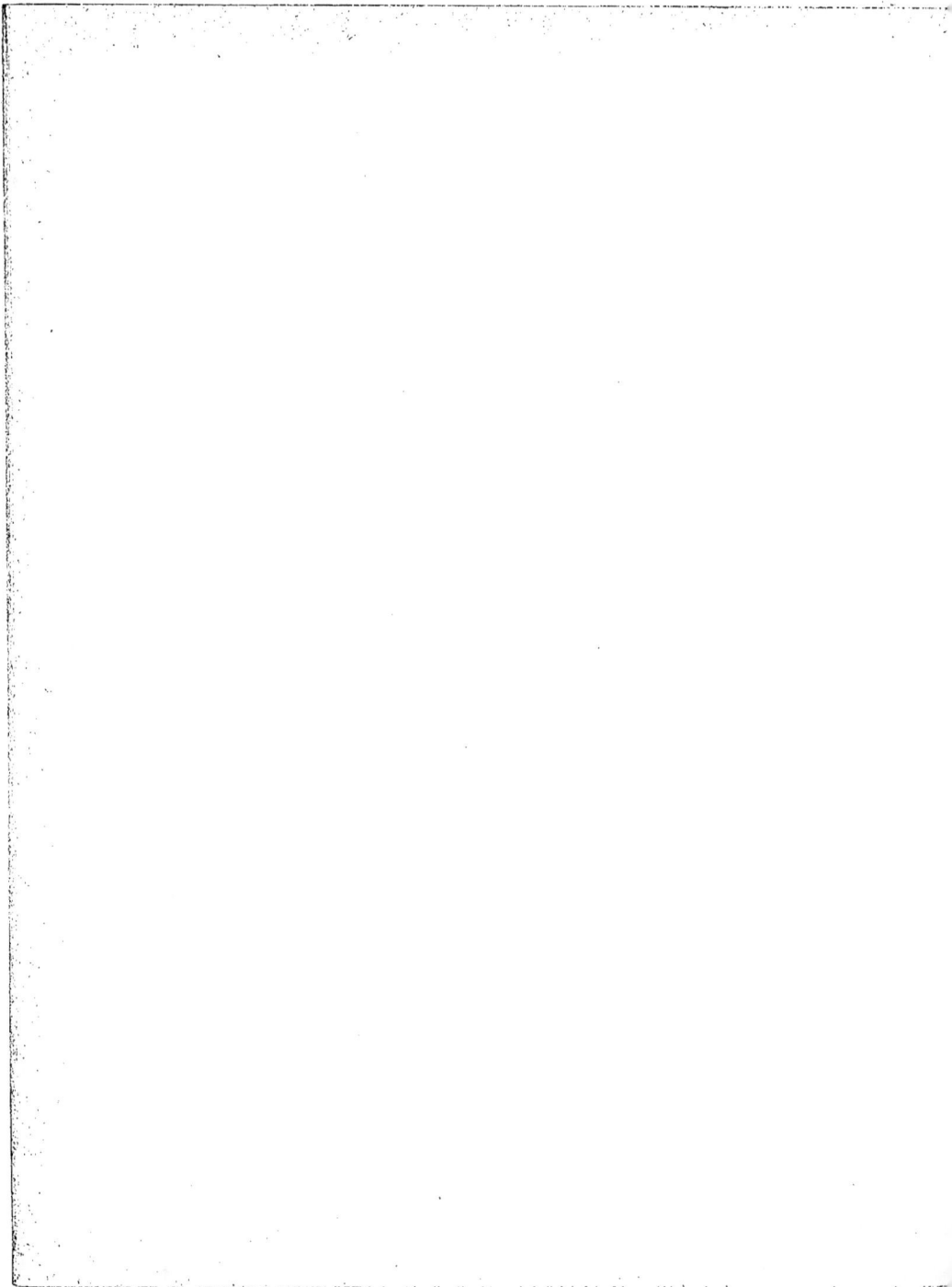

ALLEMAGNE

ÉTAT POLITIQUE

L'empire d'Allemagne, se compose d'un certain nombre d'États confédérés, et soumis à la Constitution du 16 avril 1871.

Il comprend :

1° L'ancien royaume de Prusse (grand-duché de Posen, Brandebourg, Poméranie, Silésie, Westphalie, provinces rhénanes, grand-duché de Hohenzollern, cédé en 1849 ; les grands-duchés de Sleswig-Holstein, de Hesse-Nassau et le royaume de Hanovre, annexés en 1866).

Population, 26 millions d'habitants.

2° Le royaume de Bavière, 5 millions d'habitants.

3° Le royaume de Saxe, 3 millions d'habitants.

4° Le royaume de Wurtemberg, 2 millions d'habitants.

5° Les grands-duchés de Bade, de Hesse, de Mecklembourg-Schwerin, de Mecklem-bourg-Strelitz, de Saxe-Weimar, d'Oldembourg, 4 millions d'habitants.

6° Les duchés de Brunswick, de Saxe-Meiningen, de Saxe-Altembourg, de Saxe-Cobourg-Gotha, d'Hanalt, 1.200.000 habitants.

7° Diverses principautés, 550.000 habitants.

8° L'Alsace-Lorraine, 1.600.000 habitants.

9° Trois villes libres, 700.000 habitants.

L'ensemble de ces divers éléments qui constituent l'empire d'Allemagne actuel, réunit une population de 46 millions d'habitants.

OROGRAPHIE

Au point de vue orographique, l'Allemagne comprend trois zones bien distinctes :

1° Au sud, une région montagneuse formée par les contreforts des Alpes bernoises, la Forêt-Noire, le Jura franconien, l'Erzegebirge, entre la Saxe et la Bohême.

2° A l'ouest, une région de plateaux comprenant le Hardt, prolongement des Vosges, le Hartz qui sépare les bassins du Weser et de l'Elbe, à travers le Hanovre, le Brunswick et la Saxe, et le Thuringerwald.

3° Au nord et à l'est, une zone basse et humide présentant, dans la première partie, de magnifiques pâturages.

La richesse minérale de l'Allemagne, qui est considérable, réside surtout dans les deux premières zones.

Au point de vue minier, la Prusse est divisée en 5 grands districts ou *Oberbergamt*, divisés eux-mêmes en arrondissements ou *Bergrevier*.

Chaque district a, à sa tête, un inspecteur des mines, et chaque arrondissement, un conseiller des mines.

Les chefs-lieux des 5 grands districts sont : *Breslau, Halle, Clausthal, Dortmund* et *Bonn*.

D'après le *Zeitschrift für das Berg-Hütten und Salinen Wesen*, la production minière de 1892 était répartie par district, ainsi que l'indique le tableau ci-contre :

PRODUCTION MINIÈRE DE LA PRUSSE EN 1892.

OBERBERGAMT BEZIRCK	HOUILLE	LIGNITE	FER	ZINC	PLOMB	CUIVRE	ARGENT	NICKEL	MANGA-NÈSE
Breslau	19.849.242	485.422	693.952	661.339	27.878	6	»	512	16
Halle	19.660	15.561.518	54.898	»	»	499.934	»	3	»
Clausthal	358.635	213.392	387.900	8.492	32.660	12.450	5	»	»
Dortmund.	36.853.502	»	375.730	32.463	977	»	»	»	»
Bonn	8.160.997	897.004	2.572.826	95.373	80.135	44.784	»	14	31.372
TOTAUX. . . .	65.442.036	17.257.336	4.087.306	797.697	141.650	557.174	5	529	31.378

L'Oberbergamt de *Breslau* comptait : 29 hauts-fourneaux, 4 usines à zinc, *Silesia-Hütte, Hohenlohe-Hütte, Wilhelmine-Hütte* et *Liebehoffnungs-Hütte* ; 2 usines à Plomb, *Friedericks-Hütte* et *Walter-Cronegk-Hütte*, produisant 20.613ᵀ. Les 4 usines à zinc ont produit 52.070ᵀ.

L'Oberbergamt de *Halle*, comptait l'importante usine d'*Eisleben*, produisant 15.579ᵀ de cuivre et 86.000ᴷᴳ d'argent.

L'Oberbergamt de *Clausthal* comptait : 6 hauts-fourneaux et les usines à plomb de Clausthal, Lauthenthal, Altenau, Saint-Andréasberg, Oker, Herzog-Julius et Frau-Sophien, produisant 12.000ᵀ de plomb.

L'Oberbergamt de *Dortmund*, 4 usines à zinc donnant 28.013ᵀ et 48 hauts-fourneaux.

L'Oberbergamt de *Bonn*, comptait 70 hauts-fourneaux et 3 usines à zinc.

La production totale de la houille et de lignite pour l'Allemagne entière, en 1891 et 1892, se répartissait ainsi que l'indique le tableau ci-après :

	1891		1892	
	HOUILLE	LIGNITE	HOUILLE	LIGNITE
Prusse.	67.528.000ᵀ	16.740.000ᵀ	65.442.036ᵀ	17.257.336ᵀ
Bavière	815.500	16.500	776.659	15.430
Saxe.	4.367.000	861.400	4.168.433	915.199
Alsace-Lorraine	815.700	»	792.510	»
Hesse	»	221.350	»	216.821
Brunswick.	»	570.300	»	593.849
Saxe-Altenbourg	»	1.182.500	»	1.240.812
Anhalt.	»	911.600	»	684.959
Autres États.	160.000	30.000	148.115	53.825
	73.716.200	20.536.600	71.327.752	20.977.931
	94.252.800		92.305.683	

La houille a été extraite, en 1891, de 350 mines en exploitation, occupant 252.000 ouvriers; la haute Silésie avait, à elle seule 54 charbonnages en activité, occupant 54.800 ouvriers.

Le lignite a été produit par 430 mines, occupant 25.000 ouvriers.

Les grands centres producteurs de la houille sont : la Silésie, le bassin de la Ruhr (Westphalie et provinces Rhénanes), le bassin de la Sarre, la Saxe.

Production du fer.

D'après la statistique donnée par *the Journal of the Iron and Steel Institut*, l'Allemagne aurait produit :

En 1891 . . . . . . 7.555.464ᵀ de minerai de fer et 4.644.247ᵀ de fonte.
En 1892 . . . . . . 8.468.943 — et 4.937.464 —

Le journal *Stahl und Eisen*, du 11 février 1894, porte même à 4.953.148ᵀ la quantité de fonte produite en 1892, dont 2.073.000ᵀ dans le bassin métallurgique de la Ruhr.

Le minerai a été produit par l'exploitation de 651 mines, occupant 103.000 ouvriers.

La fonte provenant du traitement des minerais indigènes ou étrangers, a été obtenue dans 109 usines, comptant 220 hauts-fourneaux et occupant 25.000 ouvriers.

Il a été produit, cette même année 1892, 1.485.000ᵀ de fers finis ou ébauchés, ayant occupés 49.000 ouvriers et 1.849.000ᵀ d'acier ouvré dans 117 aciéries occupant 58.000 ouvriers.

L'industrie minière et métallurgique du fer a donc occupé, en Allemagne, 235.000 ouvriers.

Production du plomb.

Les principales mines de plomb de l'Allemagne sont :

Clausthal, Rammelsberg, Saint-Andréasberg dans le Hanovre; Saint-Avold en Alsace-

Lorraine; Diepenlinchen, Grübe-Weise, Mechernick dans la Prusse rhénane; Altemberg, Marienberg, Annaberg en Saxe; Friedericks-Grübe, et Richard-Grübe en Silésie.

Les usines les plus importantes sont : Clausthal, Herzog-Julius-Hütte, Oker, Frau-Sophien, Saint-Andréasberg dans le Hanovre; Freiberg et Mülde en Saxe; Friedericks-Hütte en Silésie.

La production totale atteint 183.000^T de minerai et 101.000^T de métal.

D'après une statistique allemande parue à la fin de 1893, l'Allemagne a produit, en 1892, 101.000^T de plomb; elle en a exporté 28.000^T, importé 18.500^T et consommé 91.500^T.

Production du cuivre.

Cette production est presque exclusivement concentrée en Saxe et ne reçoit qu'un petit appoint des mines du Hartz, de la Hesse, du Nassau, de Westphalie et de Lorraine.

La production du minerai atteint 568.000^T et les usines produisent 18.000^T de métal (17.960^T, suivant *l'Œstereichische Zeitschrift*) avec les minerais indigènes et 7.000^T avec les minerais étrangers.

Production du zinc.

Les principales mines de zinc d'Allemagne sont à Rammelsberg (Hanovre), à Schmollgraff, Diepenlinchen, Grübe-Weise, dans la Prusse rhénane, à Iserlohn (Westphalie).

Les principales usines qui élaborent ces minerais sont : Borbeck, Lethmatte, Stolberg, en Westphalie; Hohenlohe-Hütte, Silésia-Hütte, Wilhelmine et Liebehoffnungs-Hütte, en Silésie.

La production totale atteint 800.000^T de minerai et 140.000^T de métal, dont 87.760^T pour la Silésie seulement.

Production de l'argent.

La production de l'argent est considérable en Allemagne et dépasse les 3/5 de celle de l'Europe entière. Ainsi, tandis que la production totale de l'Europe était de 811.000^{kg} en 1892, l'Allemagne produisait à elle seule 488.000^{kg}, d'une valeur moyenne de 144 francs le kilogramme.

Presque tout l'argent d'Allemagne est produit par les galènes argentifères du pays ou par la désargentation des minerais étrangers.

Les principales usines à argent sont : Altenau, Halbsbrücke, Lauthenthal et Oker, dans le Hanovre; Halle, Gottesbelohnung et Mulde, en Saxe. L'usine de *Gottesbelohnung* produit plus de 60.000^{kg} en traitant les minerais argentifères du Mansfeld. Les usines de *Mulde* et de Halbsbrüke produisent la même quantité en traitant les minerais de Saxe et ceux achetés à Pzibram et en Amérique.

Étain.

La minime production d'étain est fournie par les mines du district de Freiberg, en Saxe, mais les usines produisent 684^T avec les minerais étrangers.

Nickel.

Quelques petites mines de Mansfeld, de la Saxe, du Hartz supérieur donnent environ 530^T de minerai.

Une mine, située à 5 kilomètres, au sud de Goslar (Hanovre), exploitée autrefois pour plomb et pour zinc, a été reprise pour nickel en 1892.

Les usines à nickel d'*Iserlohn* et d'*Altena*, en Westphalie, produisent 730^T avec des minerais étrangers.

Manganèse.

Quelques mines peu exploitées dans le Hartz, le Thuringerwald, la Hesse et les provinces rhénanes donnent environ 32.000^T.

Aluminium.

Une usine à Hemelingen, près de Brême, traite les minerais étrangers.

Minerais bitumineux, pétrole.

Les centres de la production des minerais bitumineux qui dépasse 50.000^T sont dans le Hanovre, la Saxe, le Mansfeld.

Les mines de *Péchelbronn*, en Alsace-Lorraine, donnent 9.000^T de pétrole.

Phosphates.

Il faut citer une exploitation importante dans le Nassau, au pied du Westerwald, sur la rive droite de la Lahn, au sud-est de Coblentz.

Salines.

Erfurt, Stassfurd, en Saxe, Inovraslaw dans le duché de Posen; gisements dans le Wurtemberg et la Bavière.

Ardoisières.

Exploitation très importante à Eisleben, en Saxe.

Après cet aperçu sommaire de la production minérale et métallurgique de l'Allemagne, il convient de donner quelques détails sur la production des principales provinces de l'Empire.

SILÉSIE

Le bassin houiller silésien comprend les Silésies prussienne, austro-hongroise, russe.

La Silésie prussienne est divisée en deux parties par l'Oder : la *Haute-Silésie* sur la rive droite et la *Basse-Silésie* sur la rive gauche. Elle a produit, dans son ensemble :

En 1891 . . . . 21.111.542^T de houille, 440.178^T de lignite.
En 1892 . . . . 19.848.000   —   441.000   —

Les exploitations les plus importantes de la *Haute-Silésie* qui, en 1891, ont produit à elles seules, 17.725.793^T de houille, sont : les mines royales de *Königin-Luise*, 2.516.428^T; *Konig*, 1.138.834^T; *Hohenzollern*, 1.101.309^T; *Hohenlohe*, 580.116^T; *Concordia*, 550.000^T; *Schlessien*, 410.000^T.

La *Basse-Silésie*, au sud-ouest de Breslau, a donné, en 1892, 3.411.000^T de houille et 440.000^T de lignite.

En 1891, la Silésie avait en activité 56 charbonnages, occupant 55.000 ouvriers; en 1892, le nombre des charbonnages en activité n'était que de 54 et le nombre des ouvriers était de 57.800.

La Silésie *austro-hongroise* a produit, en 1892, à Ostrau et à Jaworzowo, 5.154.830^T.

La Silésie *russe* a donné, à Dombrowa, 2.862.760^T.

Mines de fer.

Le nombre des mines de fer exploitées, en 1891 et en 1892, était de 56 : elles ont produit 654.540^T de minerai avec 4.000 ouvriers, en 1891, et 645.835^T de minerai avec 4.291 ouvriers en 1892.

La Silésie comptait, en 1891 :

30 hauts-fourneaux donnant 478.600^T de fonte, avec 4.150 ouvriers.

25 usines à fer, donnant 37.230^T et occupant 1.820 ouvriers.

Des aciéries Bessemer et Martin et des laminoirs, occupant 13.000 ouvriers.

En 1892 :

20 hauts-fourneaux, donnant 470.796^T de fonte, avec 3.315 ouvriers.

25 usines à fer, donnant 33.909^T et occupant 1.692 ouvriers.

Des aciéries Bessemer et Martin, produisant 374.720^T et occupant 11.500 ouvriers.

25 usines à zinc.

2 usines à plomb et à argent.

Les principales usines à zinc sont :

Silésia-Hütte	produisant :	24.000^T.
Hohenlohe-Hütte	—	11.740
Wilhelmine-Hütte	—	10.600
Liebehofnungs-Hütte	—	5.730

Les 2 usines à plomb, Friedericks-Hütte et Walter-Cronegh-Hütte, traitent les minerais voisins de Friedericks-Grube et Richard-Grube, et donnent ensemble 10.613^T.

L'industrie du zinc est très prospère en Silésie et 25 usines plus ou moins importantes, groupées autour de Beuten, Zabrze, Cönigs-Hütte et Kattonitz, produisent 88.000^T de métal.

Elles traitaient, au début, des minerais calaminaires, mais les gisements de blende ayant été mieux reconnus et plus exploités, on a été conduit à modifier le traitement.

Les blendes sont généralement grillées dans la mine même; elles contiennent couramment de 30 à 35 p. 100 de zinc et 25 p. 100 de soufre et, après grillage, elles passent au four de réduction; le zinc produit est quelquefois vendu tel quel, mais le plus souvent, il est raffiné avant la vente.

Cette industrie est fort avantageuse et l'usine de Wilhelmine entre autres, réalise un bénéfice de 100 francs par tonne de zinc.

BASSIN RHÉNO-WESTPHALIEN

Le bassin rhéno-westphalien ou bassin de la Ruhr, comprend la Westphalie et les provinces Rhénanes et forme le bassin minier de Dortmund.

Il a produit 37.402.500ᵀ de houille en 1891 et 36.847.000ᵀ de houille, 4.561.000ᵀ de coke et 590.000ᵀ de briquettes en 1892.

Il est à cheval sur le Rhin et la Lippe, un peu au nord de Dusseldorf; il a 100 kilomètres de longueur du sud-ouest au nord-est, sur 30 à 40 kilomètres de largeur et produit, à lui seul, autant que tout le reste de l'Empire.

Il comprend, de l'ouest à l'est, les bassins partiels de Hœrde, Bochum et Dortmund, Essen, Duisbourg.

Les exploitations les plus importantes se trouvent au centre et à la partie orientale du bassin où certaines d'entre elles produisent plus de 500.000ᵀ, autour du centre de Guelsenkirchen.

Afin de réduire le prix de revient et de parer en partie aux désavantages des abaissements possibles de prix, il s'est formé, dans ces dernières années, des sociétés puissantes réunissant plusieurs mines contiguës, exploitant en grand et atteignant une production très élevée.

Telles : la Compagnie de *Guelsenkirchen* qui possède 8 mines d'une contenance totale de 7.200 hectares et qui produit 3.325.000ᵀ avec 18.800 ouvriers. Elle exploite entre autres mines, Erin, Rhein-Elbe, Germania.

La Compagnie des mines de *Harpen*, qui possède 9 mines, occupe 11.000 ouvriers et produit 2.934.000ᵀ. Elle exploite notamment Gneisenau, Amalia, Iserlohn.

La Compagnie des mines d'*Iberaia*, qui produit 1.525.000ᵀ.

La Compagnie des mines d'*Arenberg*, qui produit 992.000ᵀ.

Consolidation et *Zollverein*, qui occupent chacune 5.500 ouvriers et produisent 1.040.000ᵀ.

Les charbonnages de *Dalbusch*, de 380 hectares, produisant 805.000ᵀ.

Schamrock, 1.238 hectares, 780.000ᵀ.

Wilhelmine-Victoria, 660 hectares, 450.000ᵀ.

Enfin, on peut citer encore les charbonnages de *Bonifacius, Hœrde, Neu-Essen, Oberhausen, Prince-Régent, Westphalia*.

Mines de fer.

Les mines de fer de Westphalie, groupées autour de Arnsberg, Minden, Munster, produisent 1.200.000ᵀ de minerai.

Mines de zinc.

Iserlohn : Mine de blende et de calamine dont les minerais sont traités, en partie, à l'usine voisine de Lethmatte.

Le minerai contient 17 p. 100 au sortir de la mine, mais par la préparation mécanique, on l'amène à 30 p. 100 pour les calamines, et à 40 p. 100 pour la blende.

Principaux établissements métallurgiques de Westphalie.

La Westphalie a produit, en 1892, dans ses diverses usines, 2.073.800ᵀ de fonte, plus des 2/5 de la production totale de l'Allemagne.

Cette fonte a été produite dans 42 hauts-fourneaux, répartis comme l'indique le tableau ci-dessous :

DÉSIGNATION DES USINES	HAUTS-FOURNEAUX
Güttehofnungs-Hütte. . . . . aciérie.	7
Phénix. . . . . id.	5
Union, Dortmund. . . . . id.	4
Hœrde. . . . . id.	4
Bocchum . . . . id.	3
Schalker-Gruben und Hütten-verein . . . . id.	3
Krupp, Essen . . . . id.	3
Niederrheinische-Hütte . . . . id.	3
Anerbecher-Hütte . . . . id.	2
Von Born, Dortmund. . . . . id.	2
Aciéries du Rhin. id.	2
Vulcau.	2
Friedericks-Wilhelm-Hütte	1
Heedall	1
	42

Le bassin de la Rhur comptait, en 1892, 50 convertisseurs Bessemer répartis entre les aciéries du tableau précédent et dans celles de *Hesch* et de *Haspen*, et un grand nombre de fours Martin répartis dans les aciéries ci-dessus désignées et dans celles de Menden, Nüsten, Witten, Wetter, Hagen, Duisbourg, Dusseldorf et Deutz.

Bocchum : C'est la plus importante usine de Westphalie, après celle de Krupp; elle occupe 6.000 ouvriers, possède 2 mines de houille et fait marcher 3 grands hauts-fourneaux de 25 mètres pouvant donner 400ᵀ; l'aciérie comprend 2 ateliers Bessemer à 3 convertisseurs et 3 convertisseurs Thomas; elle est renommée pour les coulures d'acier sans soufflures.

Elle emploie, concurremment avec les minerais d'Allemagne, ceux de Bilbao, ses charbons viennent de la mine voisine *Prince-Régent.*

Borbeck : Usine à zinc de la Vieille-Montagne, comprenant 22 fours de réduction pour les blendes qui lui arrivent toutes grillées d'Oberhausen; chaque four produit environ 1.260 kilogrammes de zinc brut. Elle occupe 300 ouvriers.

Dortmund : Ville de 6.000 habitants, sur l'Emscher et sur la voie ferrée, siège de nombreuses usines, forges, fonderies, aciéries dont les deux plus importantes sont l'aciérie *Hesch*, à 2 convertisseurs Bessemer et 3 convertisseurs Thomas, produisant 150.000ᵀ d'acier, avec 1.800 ouvriers, et l'usine de l'*Union*, qui comprend : 100 fours à coke, 4 hauts-fourneaux, 24 fours à puddler, 4 convertisseurs Bessemer, 2 fours Martin, divers trains de laminoirs pour rails, traverses et bandages, 1 fabrique de produits réfractaires, des ateliers de construction de ponts, plaques tournantes, chevalements, chaines et anneaux de puits.

La Société de l'Union, de Dortmund, possède des charbonnages, des mines de fer et 2 autres usines à *Horst* et à *Hattingen*. Elle occupe 7.500 ouvriers. Une grande partie des minerais employés viennent de Hollande, de Bilbao et du Laurium.

Duisbourg : Hauts-fourneaux, voisins de l'usine de *Ruhrhort.*

Güttehofnungs-Hütte : La Société de ce nom possède des établissements à *Sterkrade* et l'usine de *Bonne Espérance*, à Oberhausen :

Cette usine comprend : grosse forge, fonderie, chaudronnerie, ateliers de construction ; elle emploie les minerais d'Algérie, d'Espagne, de Hollande, du Nassau ; elle fabrique principalement des rails et en produit 40.000ᵀ ; elle occupe 10.000 ouvriers dans ses divers établissements.

Hœrde : Usine, à 7 kilomètres au sud de Dortmund, appartenant à une Société puissante qui possède des houillères, des mines de fer et 8 hauts-fourneaux ; elle produit 400.000ᵀ de houille, 75.000ᵀ de minerai de fer, et occupe 1.500 ouvriers dans ses mines.

L'établissement comprend 2 usines distinctes :

1° *La Providence*, qui traite, dans 4 hauts-fourneaux, les minerais très pur de Bilbao, mais surtout les minerais de fer carbonaté de sa mine. Elle fabrique le coke qui lui est nécessaire au moyen de 2 batteries de 18 fours Coppée.

2° *Hermans-Hütte*, où se fait l'affinage des fontes de la Providence. Cette seconde usine comprend : 4 convertisseurs Bessemer, un atelier Thomas, 4 fours Martins, des laminoirs à rails et à tôles diverses ; elle tire ses charbons du Schleswig-Holstein et produit 150.000ᵀ de fer ou d'acier.

Les deux usines occupent 2.000 ouvriers.

Lethmate : Usine à zinc, traitant les minerais d'Iserlohn et produisant annuellement 6.000ᵀ de zinc.

Neu-Kirchen : Usine à fer ; elle fabrique son coke dans 6 batteries de 48 fours Coppée et traite ses minerais dans 4 hauts-fourneaux. Elle comprend 54 fours à puddler, 12 trains de laminoirs, produit 100.000ᵀ de fer et occupe 2.500 ouvriers.

Neu-Oberhausen : Usine à fer et à acier ; convertisseurs Bessemer, laminoirs, ateliers de réparations.

Oberhausen : Usine à zinc de la Vieille-Montagne ; elle a des fours spéciaux de grillage, dans lesquels elle grille les blendes de *Steinbruck*, de *Bensberg* et des *Bormettes* (Var).

Les minerais grillés sont ensuite envoyés, pour réduction, à l'usine de Borbeck, qui les retourne, après fusion, à l'usine d'Oberhausen, pour y être refondus et laminés.

Elle grille, par an, 16.000^T de blende et ses 6 trains de laminoirs donnent 7.000^T de produits finis ; elle occupe 250 ouvriers.

Rothe-Erde : Usine à fer et aciérie, sur la voie ferrée de Cologne à Aix-la-Chapelle et dans les faubourgs même de cette ville ; les fontes employées viennent du Luxembourg, d'Allemagne et de Longwy ; elle produit annuellement 12.000^T de fer et 150.000^T d'acier ; l'aciérie comprend 3 convertisseurs Thomas de 10^T, 11 fours à réchauffer et autant de laminoirs ; elle occupe 2.500 ouvriers.

Rührort : Usine sur le Rhin, non loin d'Oberhausen et de la voie ferrée Coblentz-Cologne-Berlin. Elle consomme les fontes de ses hauts-fourneaux alimentés par les mine rais de France, d'Espagne, de Grèce et de Suède, ainsi que les fontes d'Angleterre. On y a construit récemment 4 grands hauts-fourneaux de 24 mètres, pouvant donner 600^T ; le coke est fabriqué dans 80 fours Otto.

L'aciérie comprend : 4 convertisseurs Thomas, 2 trains de laminoirs pour rails, 1 train pour billettes, 3 trains pour aciers marchands, enfin 5 fours Martin, donnant 3.000^T par mois pour les bandages, les essieux et les aciers de choix.

L'usine occupe 2.000 ouvriers.

Schalke : Usine près de *Guelsenkirchen*, sur la voie ferrée de Cologne à Dortmund ; elle avait, en 1892, 3 hauts-fourneaux, qui ont produit 156.000^T de fonte. Il y a aussi, à *Schalke*, les laminoirs et tréfileries de Von Becker et Cie, qui produisent 40.000^T et occupent 1.100 ouvriers.

PROVINCES RHÉNANES

Les principaux charbonnages des Provinces Rhénanes, qui sont compris dans le bassin rhéno-westphalien, sont :

Kolscheid : Au nord d'Aix-la-Chapelle, aux confins des frontières d'Allemagne, de Hollande et de Belgique ; il y a 12 fosses en activité, une usine à coke, une usine d'agglomérés, occupant ensemble 2.500 ouvriers.

Arenberg, près d'Essen : Exploitation donnant 1.000.000^T de charbon et 90.000^T de coke.

Stolberg : Charbonnage voisin d'Aix-la-Chapelle.

Mines de fer.

Burbach : Mine de fer donnant 160.000^T.

Mines de plomb et de zinc.

Diepenlinchen : Mine de galène argentifère et de blende, alimentant les usines à zinc, à plomb et à argent de *Stolberg* ; elle est reliée à la voie ferrée d'Aix-la-Chapelle à Cologne ;

elle produit environ 300^T par jour, mais son épuisement est très onéreux et l'on a sans cesse à craindre de la voir inondée.

Grube-Weise : Mine de blende et de galène, près de Bensberg, à 20 kilomètres de Cologne, appartenant à la Société de Rhein-Nassau ; elle a 3 puits d'extraction.

Schmollgraff : Mine de calamine, exploitée par la Société de la Vieille-Montagne.

Fossey : Mine de zinc, exploitée par la Société de la Vieille-Montagne ; elle donne 8.000^T de calamine.

Mines de phosphates.

Limbourg et Weilbourg : Exploitation importante le dans Nassau, sur la rive droite de la Lahn.

Principaux établissements métallurgiques.

Burbach : Usine du bassin de la Sarre, près de Saint-Jean de Sarrebrück, à portée de nombreuses voies ferrées et de la Sarre, appartenant à la Société des mines du Luxembourg et des usines de Sarrebrück.

Elle emploie, pour ses fontes, les minerais oolitiques du Luxembourg et de Lorraine, où elle a de nombreuses concessions ; elle comprend 4 hauts-fourneaux et fabrique plus spécialement des traverses de chemin de fer et des rails et produit annuellement plus 140.000^T.

Les mines occupent 700 ouvriers et l'usine 2.600.

La Société possède des mines de fer à Burbach, Hayange, Höhl, Gleicht, Bromeschberg, Hohenrecht, Maxéville, donnant ensemble 375.000^T.

Essen : Usines, fonderies de canons, construction de chaudières et de machines diverses. Le plus grand élément de prospérité de ce centre industriel est l'usine *Krupp*.

Cette usine vient de se fusionner avec les établissements *Gruzon*, et la Société a reçu la commande d'un grand nombre de locomotives pour l'État.

Heinrichs-Hütte : Usine à zinc, située sur une colline, près d'Aix-la-Chapelle, et en face même de celle de la Compagnie *Rhein-Nassau* ; elle appartient à la Société franco-belge.

Elle traite les minerais d'Espagne, de Monteponi, de Ganges, d'Algérie, de Pzibram et de Diepenlinchen ; le grillage se fait provisoirement à l'usine Rhénanin, et la réduction à l'usine même Heinrichs-Hütte ; elle produit 8.500^T.

Kalk : Grands établissements de construction mécanique *Humbold*, près de Cologne ; ils fabriquent principalement des appareils pour la préparation mécanique des minerais.

La Société Humbold, au capital de 9 millions de francs, occupe 900 ouvriers.

Saint-Ingbert : Aciérie sur la voie ferrée Sarrebrück-Brucksal ; elle comprend 3 convertisseurs, des laminoirs et produit annuellement 70.000^T de rails, longrines, traverses, billettes, etc.

Stolberg : Usine à zinc, sur la voie ferrée d'Aix-la-Chapelle à Cologne, appartenant à la Société de Rhein-Nassau. Elle traite quelques calamines des environs, mais surtout les blendes de Diepenlinchen et de Wasingthon; elle compte 18 fours de grillage et 26 fours de réduction donnant 9.000^T de zinc brut, dont les deux tiers sont vendus ainsi; le surplus est raffiné et laminé.

A 2 kilomètres de l'usine à zinc se trouve celle à plomb et à argent, qui traite les galènes argentifères de Diepenlinchen; elle comprend 10 fours de grillage, 4 fours de fusion à cuve et 3 fours à réverbère pour le raffinage.

Elle produit 50.000^T de plomb, dont on extrait 12 à 13^T d'argent. Elle occupe 350 ouvriers.

SAXE

La Saxe, dont le principal centre de production de houille est le bassin de *Zwickau*, a produit :

En 1891	4.367.000^T de charbon et	864.000^T de lignite.
En 1892	4.168.433 —	915.200 —

Mines de fer.

Les mines de fer de Saxe ont donné 14.160^T en 1891 et 13.000^T en 1892.

Mines de plomb, de cuivre, d'étain et d'argent.

Ces mines sont presque toutes concentrées dans le district de *Freiberg*, dans le *Mansfeld* et à Altenberg, Annaberg, Marienberg. Les principaux filons du district de Freiberg sont :

1° Des filons quartzeux riches en argent;
2° Des filons de plomb contenant de la pyrite;
3° Des filons de plomb riches en argent;
4° Des filons de cuivre et d'étain;
5° Des filons de fer et de manganèse.

Les mines de cuivre proprement dites sont situées surtout dant le *Mansfeld*, où la puissante Société des mines et usines du Mansfeld possède toutes les mines et usines voisines d'*Eisleben*, où elle a son siège social.

Les schistes cuprifères du puits Otto 1, à une profondeur de 180 mètres, contiennent surtout de la pyrite de cuivre et sont légèrement imprégnés de pyrite de fer, de galène, de blende, de sulfure d'argent; on y trouve même quelquefois de fines bandes d'argent natif.

Comme les schistes sont très pauvres on a construit, sur les lieux de l'exploitation, de nombreuses usines de réduction pour premières mattes, lesquelles sont ensuite envoyées à l'usine centrale de *Gottesbelohnung*, à Hellstedt, où elles sont traitées pour cuivre. Le cuivre ainsi obtenu est ensuite envoyé à l'usine d'Eisleben pour y être raffiné par l'électrolyse.

Enfin il faut citer, comme production minérale, les mines de nickel de *Schneeberg*, les ardoisières d'*Eisleben*, les salines d'*Erfurt* et de *Stassfurd*.

Principaux établissements métallurgiques et industriels.

Eisleben : Usine de raffinerie de cuivre pour les produits de l'usine de *Gottesbelohnung*.

Gottesbelohnung : Usine à cuivre traitant pour cuivre les premières mattes obtenues avec les schistes cuprifères du Mansfeld et produisant plus de 6.000ᵀ de cuivre; elle est située dans la direction générale des mines de Halle.

Halbsbrücke : Usine à argent qui traite, pour la séparation du cuivre et de l'argent, les mattes concentrées qu'elle produit ou celles venant de *Mulde*, et qui contiennent généralement 76 p. 100 de cuivre, 4,2 p. 100 de plomb et 3 p. 100 d'argent. Elle traite ensuite l'argent aurifère obtenu pour en extraire l'or.

Mulde : Usine à plomb et à argent dépendant des établissements de Freiberg; elle est située sur la voie ferrée de Dresde à Schemnitz. Elle s'occupe aussi de la fabrication de l'arsenic et de ses composés qui donne 1.000ᵀ.

Les diverses usines de Saxe ont produit en 1892 : 750 kilogrammes d'or, 95.000 kilogrammes d'argent, 6.000ᵀ de cuivre, 6.800ᵀ de plomb, 200ᵀ de zinc.

Stassfurd : Usine fiscale traitant les sels de potassium; l'exploitation est partagée entre l'État et diverses Compagnies; les couches de sel, très abondantes, sont recouvertes de chlorures hydratés de potassium et de magnésium.

Le district de Stassfurd produit annuellement plus de 150.000ᵀ de sel gemme et 400.000ᵀ de carnalite utilisée pour l'extraction de la potasse.

HANOVRE

La principale production minière et métallurgique du Hanovre consiste en plomb et en argent; il faut pourtant citer, dans le Hartz, la mine de fer de *Buchenberg*.

Les principales mines de galène argentifère sont *Clausthal*, *Saint-Andréasberg* et *Rammelsberg*, dont les minerais de plomb sont fondus à l'usine de *Frau-Sophien* et desargentés à l'usine d'Oker. On trouve aussi à *Rammelsberg* des mines de zinc et de soufre.

Les principales usines à plomb et à argent sont :

Altenau : Usine de l'État fabriquant des plombs marchands et extrayant des plombs d'œuvre l'argent qui y est contenu et qui est envoyé ensuite à l'usine de *Lautenthal* pour y être raffiné.

Clausthal : Usine à plomb traitant les galènes argentifères des environs; elle compte 15 fours à cuve produisant chacun, par mois, 126ᵀ de plomb et 138ᵀ de mattes; le plomb d'œuvre est envoyé à *Lautenthal* pour y être désargenté et la première matte subit un nouveau traitement.

Herzog-Julius-Hütte : Usine à plomb traitant en mattes les minerais de Rammelsberg et envoyant ses plombs d'œuvre à l'usine d'Oker pour y être désargentés.

Frau-Sophien-Hütte : Usine similaire de la précédente et envoyant aussi ses plombs d'œuvre à l'usine d'Oker pour y être désargentés et transformés en plombs marchands.

Lautenthal : Usine de l'État traitant les minerais voisins qui consistent en un peu de blende, mais surtout en de la galène argentifère renfermant 70 p. 100 de plomb et 7 p. 100 d'argent; elle procède en grand à la désargentation de ses plombs d'œuvre et de ceux qu'elle reçoit de l'usine de Clausthal, trop pauvres pour être coupellés directement, mais contenant encore 0,15 p. 100 d'argent; chaque tonne de plomb d'œuvre désargenté donne 1^{kg},571 d'argent.

Oker : Usine à plomb, qui traite ses propres plombs d'œuvre et ceux des usines *Herzog-Julius* et *Frau-Sophien*, provenant des minerais de Rammelsberg.

Saint-Andréasberg : Usine à plomb et à argent.

D'après les renseignements statistiques fournis par le journal *Iron and Steel Institute*, le Hartz, sur le territoire duquel sont situées toutes ces usines, aurait produit 57.740 kilogrammes d'argent en 1891.

BAVIÈRE

La Bavière comptait, en 1891, 42 mines de combustible, produisant 756.000^T de houille et 10.000^T de lignite, et occupant 14.000 ouvriers.

38 mines de fer, donnant 150.000^T et occupant 2.000 ouvriers.

2 mines de manganèse, donnant 260^T.

3 usines, produisant 76.000^T de fer.

71 fonderies, donnant 53.000^T de moulages.

10 forges, donnant 65.000^T de fer.

4 aciéries, donnant 67.000^T d'acier.

Elle a produit en 1892 :

777.000^T	de houille.
15.000	de lignite.
148.000	de minerai de fer, de 38 mines.
1.800	de minerai de cuivre.
140	de minerai de manganèse, de 2 mines.
78.000	de fonte, dans 3 usines.
66.000	de fer, dans 19 usines.
71.000	d'acier, dans 4 aciéries.

Ses principales mines de houille sont celles de *Franckenholz*, ses forges les plus importantes sont à Dilling.

Oberhausen : Importante fabrique de porcelaine.

ALSACE-LORRAINE

Elle a produit, en 1892, 845.000^T de houille tirées de diverses exploitations, dont la plus importante est celle de *la Petite-Rosselle*, à 5 kilomètres de Forbach, qui donne 250.000^T et occupe 600 ouvriers.

Elle présente de nombreuses mines de fer, notamment à *Niderbronn* et à *Hayange* ; des mines de plomb à *Saint-Avold* ; des exploitations de pétrole à *Péchelbronn*, à 4 kilomètres de Soultz-sous-Forêt ; l'usine de distillation et la raffinerie, donnent 10.000^T et occupent 350 ouvriers.

Les principaux établissements métallurgiques sont : *Bærenthal*, forges et aciéries sur la Zintzel, canton de Bitche.

Creuzwald : Forges.

Hayange : Usine à 10 kilomètres de Thionville, dans la vallée de la Feusch ; elle comprend 7 hauts-fourneaux dont 5 pour fonte Thomas, 1 pour fonte de puddlage et 1 pour fonte de moulage ; ils traitent journellement 600^T de minerai donnant 33 p. 100 de fonte, soit 200^T ; le minerai vient de la mine même d'Hayange.

Metzviller : Hauts-fourneaux et fonderies.

Mutterhausen : Usine sur la voie ferrée d'Haguenau à Sarguemine ; elle fabrique principalement des bandages en fer et en acier, des essieux de voiture, des fers marchands, au total, 12.000^T environ ; elle occupe 500 ouvriers.

Niederbronn : Fonderies appartenant à M. Diétrich, produisant des pièces mécaniques et des moulages d'ornement ; elle fond, dans 2 cubilots, les fontes grises de Belgique et d'Allemagne.

Rombach : Groupe de 2 hauts-fourneaux, pouvant donner ensemble 120^T de fonte.

Rorbach : Forges et aciéries.

Stiring-Wendel : Usine sur la voie ferrée Metz-Sarrebrück, appartenant à MM. de Vendel ; elle tire ses charbons de la mine voisine *la Petite-Rosselle*, et reçoit ses lingots d'acier et ses fontes d'Hayange ; elle comprend 20 fours de puddlage et 5 trains de laminoirs ; elle fabrique les divers fers profilés, à double **T**, cornières et traverses métalliques.

La production minière et métallurgique de l'Allemagne est résumée dans le tableau ci-après :

PRODUCTION MINÉRALE ET MÉTALLURGIQUE DE L'ALLEMAGNE.

NATURE DES PRODUITS	1891	1892	1893
Houille	73.716.200T	71.327.730T	73.909.000T
Lignite	20.536.600	20.977.930	21.507.218
Minerai de fer	7.555.000	8.168.940	11.457.491
— de plomb	176.000	183.000	
— de cuivre	578.000	568.000	584.875
— de zinc	793.000	800.000	
— d'étain	135	63	
— de manganèse	42.000	32.000	
— d'or et d'argent	22.500	17.500	
— bitumineux	49.000	53.000	
Pyrite de fer	130.000	113.000	
Pétrole	15.500	14.500	
Graphite	4.300	4.000	
Sels divers	1.170.000	1.166.000	
Usines.			
Fonte	4.130.000	4.641.290	4.986.003
Fers finis	1.410.000	1.485.000	
Acier ouvré	1.780.000	1.849.000	
Plomb	98.000	101.000	
Or	3.076kᵍ	3.860kᵍ	
Argent	448.826kᵍ	488.000kᵍ	
Cuivre	24.800	25.000	24.011
Zinc	139.000	140.000	
Étain	240	684	
Nickel	594	730	
Antimoine	165	210	
Arsenic	812	590	

RUSSIE

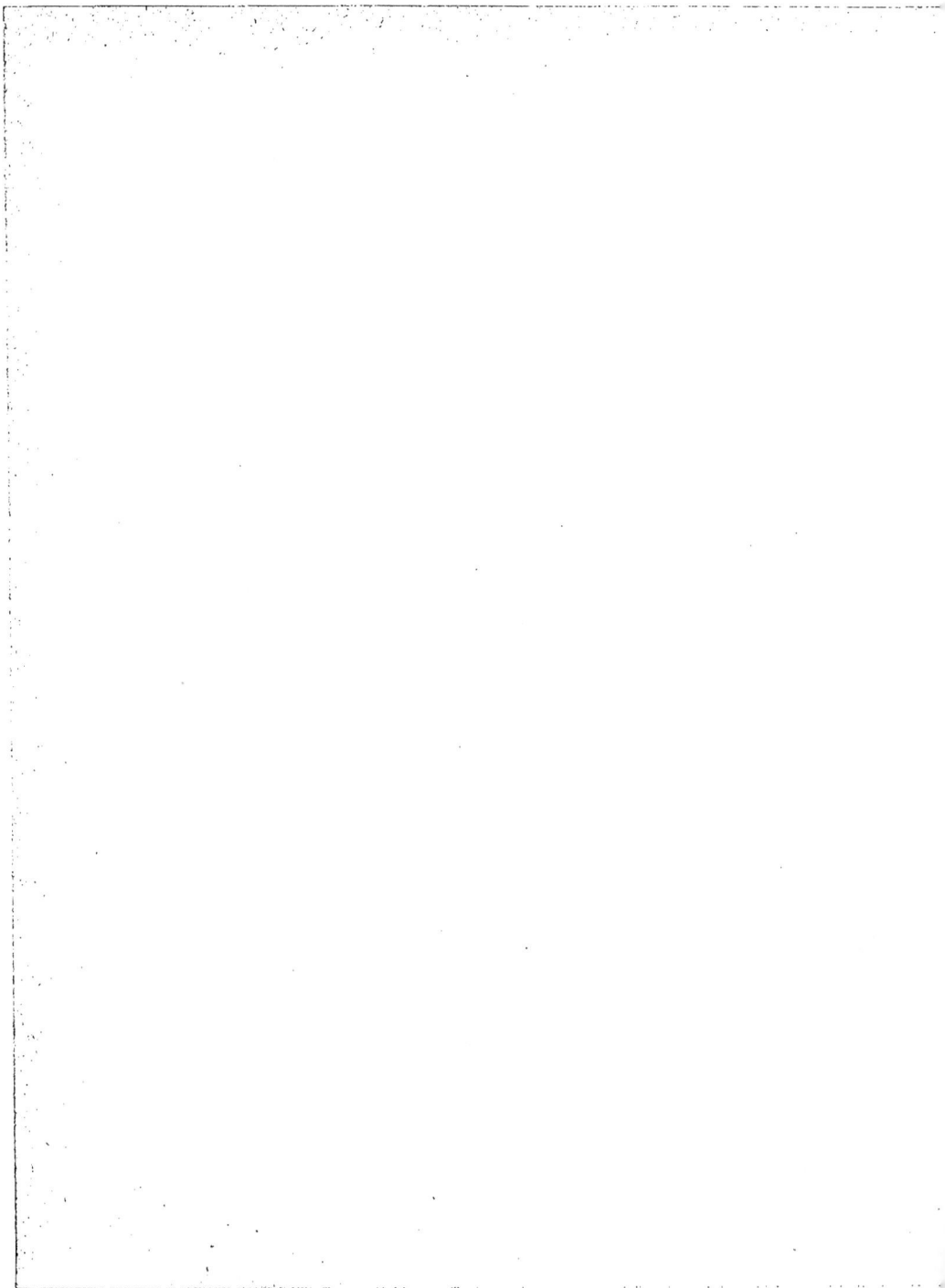

RUSSIE

La Russie qui est le plus vaste état du monde et qui compte plus de 100 millions d'habitants, se divise en 3 grandes parties :

    A. La Russie d'Europe;
    B. La Russie d'Asie;
    C. La Russie du Caucase.

A. — RUSSIE D'EUROPE

Elle a une superficie de 5.450.000 kilomètres carrés, une population de 80 millions d'habitants et s'étend entre la chaîne de l'Oural, à l'est, qui la sépare de la Russie d'Asie, jusqu'à la mer Baltique et le golfe de Bothnie à l'ouest. Elle est limitée, au nord par l'Océan Arctique et la presqu'île Scandinave, au sud-ouest par l'Allemagne et l'Autriche-Hongrie, au sud par la mer Noire et la Russie du Caucase, au sud-est par la mer Caspienne et le fleuve Oural, qui la sépare des steppes Kirghiz et de la Russie d'Asie.

Le sol est généralement plat et les versants ne sont séparés que par des hauteurs insignifiantes. Il possède de grandes richesses minérales, surtout dans le voisinage des monts Ourals; il est couvert d'immenses forêts mal exploitées, de belles céréales et de riches pâturages dans sa partie méridionale qui forme le bassin de la mer Noire.

La Russie d'Europe se subdivise elle-même en 9 grandes régions comprenant 68 gouvernements :

    1° *La Grande-Russie* ou Russie centrale, 16 gouvernements ;
    2° *La Russie septentrionale*, capitale Arkhangel, 3 gouvernements;
    3° *La Finlande*, capitale Helsingfors, 8 gouvernements;
    4° *Les provinces Baltiques*, capitale Saint-Pétersbourg, 4 gouvernements;
    5° *La Russie occidentale*, capitale Vitebsk, 8 gouvernements;
    6° *La Pologne Russe*, capitale Varsovie, 10 gouvernements;
    7° *La Petite Russie*, capitale Kiev, 4 gouvernements;
    8° *La Russie méridionale*, capitale Iékaterinoslav, 5 gouvernements;
    9° *La Russie orientale*, capitale Perm, 10 gouvernements.

B. — RUSSIE D'ASIE

La Russie d'Asie a l'énorme superficie de 15.500.000 kilomètres carrés et ne compte que 12 millions d'habitants.

Elle est limitée : au nord par l'Océan Glacial Arctique, à l'ouest par la chaîne de l'Oural qui la sépare de l'Europe, au sud par la Caspienne et le Turkestan, les monts de l'Empire chinois (Altaï, Sayansk, Kenteï, Stanovoï), au sud-est par la mer d'Okotsk et de Behring.

Elle comprend ainsi le tiers du continent asiatique. La Russie d'Asie ou *Sibérie* est entourée, à l'ouest et au sud, de montagnes élevées dont les points culminants sont dans l'Altaï, qui renferme des richesses métalliques considérables jusqu'à présent faiblement et exclusivement exploitées par les déportés, pour le compte du gouvernement.

La *Russie d'Asie* se subdivise elle-même en deux parties :

1° *La Sibérie*, capitale Tobolsk, 8 gouvernements;
2° *L'Asie centrale*, capitale Ouralsk, 11 gouvernements.

C. — RUSSIE DU CAUCASE

La Russie du Caucase s'étend entre la mer d'Azow à l'ouest, et la mer Caspienne à l'Est ; elle est limitée par la Russie d'Europe au nord, par la Turquie d'Asie et la Perse au sud-ouest et au sud; elle a une superficie de 360.000 kilomètres carrés et compte 5 millions d'habitants.

Elle est traversée en son milieu, et du sud-est au nord-ouest par la crête du grand Caucase qui rappelle les silhouettes des Pyrénées et qui laisse la *Ciscaucasie* au nord, la *Transcaucasie* au sud.

La Ciscaucasie est un pays de vallées et de plaines fertiles; la Transcaucasie, plus accidentée, donne les produits des pays chauds.

Sur le versant sud de la chaîne du Caucase court le chemin de fer de *Batum* sur la mer Noire, à *Bakou* sur la mer Caspienne, au sud de la presqu'île d'*Apschéron* passant par Koutaïs, Tiflis, Elisabethpol.

On trouve : au nord, des minerais de plomb argentifère; au sud, de la houille, du fer, du plomb, du manganèse et surtout des pétroles exploités en grand dans les péninsules d'Apschéron à l'est, de Taman à l'ouest.

La *Russie du Caucase*, troisième division de l'empire Russe, se subdivise elle-même, comme il est dit ci-dessus en :

1° *Ciscaucasie*, comprenant 3 gouvernements;
2° *Transcaucasie*, comprenant 10 gouvernements.

L'Empire russe comprend donc, dans son ensemble, 100 gouvernements, énumérés dans le tableau ci-après dans l'ordre alphabétique par province, avec indication du nom de leurs chefs-lieux et de la province dont il font partie :

PROVINCES	GOUVERNEMENT	CHEF-LIEU	SUPERFICIE	POPULATION	
		Russie d'Europe.			
	Iaroslav	Iaroslav.	35.615	1.002.000	
	Kalouga.	Kalouga.	30.929	1.000.000	
	Kostroma.	Kostroma.	84.695	1.176.500	
	Koursk	Koursk	46.455	1.955.000	
	Moscou	Moscou	33.302	2.000.000	
	Nidji-Novogorod. . . .	Nidji-Novogorod . . .	51.272	1.271.500	
	Orel.	Orel.	46.726	1.597.000	
Grande Russie.	Pskov.	Pskov.	44.208	884.000	Superf. : 871.285km².
	Riazan	Riazan	42.098	1.653.500	Habit. : 23.405.000.
	Smolensk.	Smolensk.	56.041	1.224.000	
	Tambov.	Tambov.	66.586	2.406.000	
	Toula.	Toula.	30.959	1.280.000	
	Tver.	Tver.	63.330	1.530.000	
	Véliki-Novogorod. . .	Véliki-Novogorod . .	122.337	1.011.500	
	Vladimir.	Vladimir	48.855	1.260.000	
	Voronhov	Voronhov	65.996	2.151.000	
Russie septentrionale.	Arkhangel.	Arkhangel.	700.000	281.500	Superf. : 1.398.761km².
	Olonetz.	Pétrosavodsk	148.761	302.000	Habit. : 1.383.000
	Vologda.	Vologda.	550.000	1.000.000	
	Abo-Bjorneborg. . . .	Abo.	26.000	320.000	
	Kuopio	Kuopio	44.275	280.000	
	Nyland	Helsingfors.	11.871	186.000	
Finlande.	Saint-Michel	Saint-Michel	24.637	149.000	Superf. : 420.650km².
	Tavastehus	Tavastehus	21.584	221.500	Habit. : 3.858.500.
	Uléaborg	Uléaborg	165.641	2.072.000	
	Vasa	Vasa	41.642	338.000	
	Viborg	Viborg	85.000	292.000	
	Courlande.	Mitau.	27.290	682.000	
Provinces baltiques.	Esthonie	Revel.	20.250	367.000	Superf. : 148.336km².
	Ingrie.	Saint-Pétersbourg. .	53.767	1.591.500	Habit. : 3.790.500.
	Livonie.	Riga	47.029	1.150.000	
	Grodno.	Grodno.	38.759	1.009.000	
	Kowno.	Kowno	40.640	1.156.000	
	Minsk.	Minsk.	91.357	1.200.000	
Russie occidentale.	Mohilev.	Mohilev.	48.045	948.000	Superf. : 419.491km².
	Podolie.	Podolsk.	42.017	2.170.000	Habit. : 10.277.000.
	Vitebsk	Vitebsk.	45.166	890.000	
	Volhynie	Jitomir	71.000	1.704.000	
	Wilna.	Wilna.	42.507	1.200.000	
	Kalich.	Kalich	11.373	707.500	
	Kielce.	Kielce.	10.092	538.500	
	Lomza.	Lomza.	13.500	560.000	
	Lublin.	Lublin.	16.837	708.000	
Pologne.	Piotokrov.	Piotokrov.	12.249	809.000	Superf. : 136.726km².
	Plock.	Plock.	18.877	522.500	Habit : 6.664.500.
	Radom	Radom	12.352	613.500	
	Siedlce	Siedlce	14.334	607.000	
	Souwalki	Souwalki	12.550	534.500	
	Varsovie	Varsovie	14.562	1.064.000	
	Kiev.	Kiev.	50.990	2.175.500	
Petite Russie.	Poltava.	Poltava.	49.895	2.400.000	Superf. : 207.781km².
	Tchernigov	Tchernigov	52.402	1.851.000	Habit. : 8.125.500.
	Ukraine.	Kharkow	54.494	1.699.000	

17

PROVINCES	GOUVERNEMENT	CHEF-LIEU	SUPERFICIE	POPULATION	
		Russie d'Europe (*suite*).			
Russie méridionale ou Nouvelle Russie.	Bessarabie	Kichenev	36.780	1.080.000	Superf. : 404.945^{km2}. Habit. : 5.993.000.
	Cosaques-du-Don. . .	Tcherkask	160.350	1.087.000	
	Iékatérinoslav. . . .	Iékatérinoslav. . . .	67.720	1.350.000	
	Khersou.	Kherson.	71.242	1.597.000	
	Tauride.	Simféropol	68.853	879.000	
Russie orientale.	Astrakhan.	Astrakhan.	224.471	601.500	Superf. : 1.442.281^{km2}. Habit. : 16.292.500.
	Kazan.	Kazan.	63.714	1.705.000	
	Orembourg.	Orembourg	191.364	961.000	
	Oufa	Oufa	121.811	1.365.000	
	Penza.	Penza.	38.839	1.333.000	
	Perm.	Perm.	332.054	2.437.000	
	Samara.	Samara.	151.013	2.144.000	
	Saratov.	Saratov.	84.492	1.988.000	
	Simbirsk	Simbirsk	4.493	1.410.000	
	Viatka	Viatka	230.000	2.406.000	
		Russie du Caucase.			
Ciscaucasie.	Kouban	Iékatérinodar. . . .			Superf. : 360.000^{km2}. Habit. : 6.000.000.
	Stavropol.	Stavropol.			
	Terock	Mosdock			
Transcaucasie.	Abkhasie	Soukhoum-Kalé. . . .			
	Arménie R.	Kars			
	Batoum.	Batoum.			
	Schirwan.	Bakou.			
	Daghestan.	Derbent.			
	Erivan	Erivan.			
	Imérétie	Khoutaïs			
	Karabagh.	Elisabetpol			
	Mer Noire.	Anapa.			
	Sakatal	Sakatal.			
		Russie d'Asie.			
Sibérie.	Irkoutsk.	Irkoutsk.			Superf. : 15.500.000^{km2}. Habit. : 12.000.000.
	Littoral.	Nicolaïevsk			
	Tobolsk.	Tobolsk.			
	Tomsk	Tomsk			
	Transbaïkahé. . . .	Nertchinsk			
	Jakoutsk	Jakoutsk			
	Iénisséisk.	Krasnoïarsk			
	Amour	Blagovetchensk. . . .			
Asie centrale.	Akmolinsk.	Akmolinsk			
	Amou-Déria	Koungrad.			
	Ferghana.	Marghilan.			
	Oural.	Ouralsk.			
	Saréfchau.	Samarcande.			
	Sémipalatinsk. . . .	Sémipalatinsk. . . .			
	Sémiretchinsk. . . .	Sémiretchinsk. . . .			
	Syr-Déria.	Tachkend.			
	Tourgaï.	Nicolaïevsk.			
	Transcaspien. . . .	Krasnowodsk. . . .			
	Territoire d'Ili.				

TABLEAU DONNANT LA DENSITÉ DE LA POPULATION EN FRANCE ET DANS LES DIVERSES PROVINCES
DE L'EMPIRE RUSSE.

PROVINCES	POPULATION	SUPERFICIE	HABITANTS par KILOMÈTRE CARRÉ
France	39.000.000	528.576	74
Grande Russie	23.405.000	871.285	57
Pologne russe.	6.665.000	436.796	48
Petite Russie.	8.125.500	207.781	39
Provinces baltiques.	3.790.500	148.336	26
Russie occidentale	10.277.000	419.491	24
Russie méridionale ou Nouvelle Russie.	5.993.000	401.945	15
Russie du Caucase.	6.000.000	360.000	14
Russie orientale.	16.292.500	1.442.281	11
Finlande	3.858.500	420.650	9
Russie septentrionale.	1.583.000	1.398.761	1,13
Russie d'Asie.	12.000.000	15.500.000	0,8

En ne considérant que la Russie d'Europe et celle du Caucase, situées sur le continent européen, on voit que cette partie occidentale de l'Empire russe a une superficie de 5.810.256 kilomètres carrés, dix fois plus grande que celle de la France, et une population de 86 millions d'habitants, plus du double de celle de la France.

La densité de sa population n'est guère que 1/6 de celle de notre pays.

La grande Russie dont le territoire comprend les Gouvernements groupés autour de Moscou, les plus peuplés, a une densité de population qui n'atteint que 73 p. 100 de celle de la France entière.

VOIES DE COMMUNICATION

Avant le développement récent des chemins de fer, la navigation sur les cours d'eau naturels et sur les canaux était presque l'unique moyen de communication et de transport, car on ne peut faire grand cas des rares et mauvaises routes qui, à l'état de simples pistes, reliaient quelques centres principaux.

Le réseau des voies navigables comptant environ 38.000 kilomètres; mais les transports étaient lents et difficiles à travers ces espaces sans ressources et ils étaient souvent interrompus par les froids rigoureux et prolongés de l'hiver.

Aussi le développement des voies ferrées rendues si indispensables par les nécessités actuelles des relations, a-t-il pris un rapide essor dans ce pays depuis un quart de siècle.

Le réseau, qui ne comprenait encore que 5.600 kilomètres, en 1871, comptait, à la fin de 1891, 32.000 kilomètres pour la Russie d'Europe et le Caucase.

Moscou est le grand centre d'où rayonnent les chemins de fer pour aller, à l'Ouest, rejoindre les grandes lignes de l'Europe occidentale, pénétrer au Sud jusqu'à la mer Noire par *Odessa*, *Nikolaïef* et *Sébastopol*, à la mer d'Azov par *Marioupol*, *Taganrok*, *Rostaw*, et de là au Caucase et prochainement à *Bakou*, sur la Caspienne.

Ils rayonnent au Nord et à l'Est sur *Vologda*, *Nidjni-Novogorod*, *Orembourg* et *Slatoust*, tête du Transsibérien; enfin au Sud-Est, vers *Saratov* et *Astrakan* par Tzarizine.

Perm, dans le bassin du Volga, est relié à travers l'Oural, à *Tobolsk* sur l'Obi, par une voie ferrée de 700 kilomètres, jusqu'à *Tjumen*, puis par voie fluviale entre *Tjumen* et *Tobolsk* (300 kilomètres).

Enfin une voie ferrée de 1.450 kilomètres, à travers le territoire transcaspien et le Turkestan, relie la mer Caspienne à *Bukara* et à *Samarcande*, depuis 1889.

Ce réseau de voies ferrées qui progresse chaque jour, est complété par des voies fluviales parcourues par un service régulier de bateaux à vapeur :

1° De Vologda à Arkhangel, par la Dwina ;

2° De Jaroslav à Nidjni-Novogorod, Kazan, Simbirsk, Samara, Saratov, Tzarizine, et Astrakhan, par le Volga qui relie les gares terminus du réseau oriental ;

3° La *Kama*, affluent du Volga relie le réseau ferré de la Russie d'Europe à Perm et à Tobolsk ;

4° L'*Obi* et le *Tobol*, son affluent, relient Tobolsk à Tomsk et à Barnaul ;

5° Le lac *Baïkal* et la *Selenga*, son affluent, relient Irkoutsk à Kiatcha, rendez-vous des caravanes venant de Chine ;

6° Enfin, dans l'Extrême-Orient, l'Amour qui sépare la Sibérie de l'Empire chinois est navigable depuis *Ust-Strelyka* jusqu'à son embouchure dans la mer d'Okotsk à Nicolaïewsk.

Afin d'établir des communications plus rapides et plus sûres avec ses possessions d'Asie, de tirer plus facilement partie des richesses minérales de l'Altaï et d'entretenir des relations commerciales suivies avec la Chine, le Gouvernement russe a conçu le projet grandiose du chemin de fer transsibérien, se rattachant, à *Slatoust*, au réseau européen.

Cette voie ferrée doit passer à Omsk, Tomsk, Kronöyarsk, Kansk, Irkoutsk, Tchita, Ust-Strelyka, Blagowestchenk, Chabarovka et aboutir à Vladivostock, sur la mer du Japon, après un parcours de 8.000 kilomètres.

La section occidentale *Slatoust-Tchialibinsk*, a été inaugurée en octobre en 1892, et la voie doit être livrée jusqu'à Omsk, à l'automne de 1894.

D'ailleurs, les travaux entrepris sur plusieurs points sont poussés avec activité et il est probable qu'en 1900 Irkoutsk sera directement reliée au continent européen.

On travaille en même temps à l'extrémité orientale, de Vladivostock à Grofskaïa, dans la vallée de l'Oussouri, affluent de l'Amour.

La distance des points extrêmes des chemins de fer de la Russie d'Europe, du nord au Sud et de l'Ouest à l'Est peut donner une idée de l'étendue de son territoire.

De *Uléaborg*, au fond du golfe de Bothnie, à *Vladikaukas* dans la Ciscaucasie, par Saint-Pétersbourg, Moscou, Voronedge et Rostauw ; la distance est de 3.500 kilomètres.

Elle est de 3.000 kilomètres de *Cracovie* à *Slatoust* par Smolensk, Riagsk et Samara.

Bien que cet aperçu rapide des voies de communication paraisse étranger à l'objet de cette étude, il a semblé qu'il devait trouver place ici, parce que ces grandes voies de communication ont pour conséquence immédiate l'exploitation intensive des richesses minérales de ce grand empire, le développement de son industrie métallurgique et de son commerce, et sa rapide expansion dans le continent asiatique si riche en métaux précieux.

PUISSANCE MINIÈRE ET MÉTALLURGIQUE

Les mines et usines de l'Empire russe dépendent du Cabinet de S. M. pour une certaine partie de la Sibérie, de l'État, ou appartiennent à des sociétés privées ou à des particuliers.

Les *usines de l'État* sont groupées en 6 arrondissements : 4 dans l'Oural, 1 dans le district d'Olonetz et 1 en Pologne.

Les *usines privées*, charbonnages et mines diverses sont sous la surveillance des ingénieurs d'arrondissement, lesquels sont au nombre de 34 ainsi répartis :

8 arrondissements dans l'Oural.
4 — dans la Russie méridionale.
2 — dans la Russie centrale.
3 — dans la Pologne.
1 — dans la Russie septentrionale.
4 — dans le Caucase.
6 — dans la Sibérie orientale.
6 — dans la Sibérie occidentale.

Production de la houille.

D'après les statistiques données par le journal *Colliery Guardian* et par les *Annales des mines*, la production de la houille s'est répartie ainsi qu'il suit dans les divers bassins houillers de l'Empire russe :

BASSINS HOUILLERS	1891	1892	NOMBRE		OUVRIERS
			DE MINES	DE PUITS	
Donetz	3.135.368	3.563.185	257	767	23.500
Pologne russe	2.600.647	2.882.769	21	65	11.600
Russie centrale.	180.529	180.557	11	46	2.400
Oural.	243.518	242.877	7	18	2.000
Kiev, Iélisavetgrad.	11.096	2.031	1	3	50
Caucase.	8.020	16.983	7	12	200
Steppes Kirghiz	2.277	1.739	7	13	150
Kouznetzk (Sibérie).	18.405	19.543	3	9	450
Ile Sakhalien.	17.463	12.748	1	3	320
Turkestan.	8.090	8.000	8	13	150
TOTAUX.	6.225.413	6.930.412	323	949	40.520

D'après une statistique donnée le 1er février 1894, par le *Stahl und Eisen*, la production serait un peu moindre, notamment pour la Russie centrale, et ne dépasserait pas 6.600.000T.

La production ayant sensiblement augmenté en 1892, les importations de combustible ont été réduites dans la même proportion :

En 1891 : 1.543.811T de houille et 203.078T de coke;

En 1892 : 1.139.430T de houille, 76.600T de coke et 27.330T de briquettes.

Production du fer, de la fonte et de l'acier.

Les principales mines de fer sont :

Dans l'Oural, *Blagodad* qui donne 50.000T de minerai de 52 à 58 p. 100; *Vissokaïa*, 135.000T de minerai de 63 à 69 p. 100, Magnitaïa, etc.

Les hématites de la Russie centrale.

Les minerais de lacs et de marais de Finlande et d'Olonetz.

Les hématites brunes de Vilna, Minsk et de Volhynie.

Les minerais de Krivoï-Rog, au Donetz.

Les minerais de Korsak-Moguila, en Tauride.

La production du minerai de fer, qui a atteint 1.960.000T en 1892 au lieu de 1.796.000T en 1891, s'est répartie ainsi qu'il suit par centre de production :

CENTRE DE PRODUCTION	NOMBRE DE MINES	PRODUCTION	OUVRIERS des MINES ET USINES
Oural.	540	1.010 000	144 500
Russie centrale.	20	183.000	30.000
Russie méridionale.	25	472.0 0	18 000
Pologne.	90	212.000	12.000
Russie septentrionale.	27 lacs	12 500	12.000
Finlande	175 lacs	53 100	3 500
Sibérie	6	17.000	1.500
TOTAL.		1.959.600	221.500

Ces minerais, traités dans 222 hauts-fourneaux, ont produit 1.029.000T de fonte, dont 680.000T au charbon de bois.

Les usines à fer et à acier ont produit 474.937T de fer et 371.169T d'acier; 132 usines à fer, 32 aciéries.

L'industrie du fer a occupé, dans les mines ou les usines, 221.500 ouvriers.

La production de la fonte, du fer et de l'acier était ainsi répartie en 1892 :

USINES	FONTE	FER	ACIER
État.	54.350	20.852	2.054
Cabinet de Sa Majesté.	628	1.506	»
Oural.	433.417	258.389	62.837
Russie centrale.	106.403	61.337	39.862
Russie septentrionale.	346	31.810	61.425
Russie méridionale.	281.732	56.714	140.732
Sibérie	4.147	2.694	26
Pologne.	148.166	61.635	64.233
	1.029.189	474.937	371.169

Production du cuivre.

Les statistiques ne renseignent pas sur la production du minerai et se bornent à donner celle du métal qui s'est répartie comme l'indique le tableau ci-dessous :

$$
\left.\begin{array}{lr}
\text{Oural. . . . .} & 2.856^T \\
\text{Caucase . . . .} & 1.958 \\
\text{Finlande . . . . . .} & 405 \\
\text{Altaï . . . .} & 216 \\
\text{Steppes Kirghiz. . . . .} & 20
\end{array}\right\} 5.455^T .
$$

L'importation s'élève à un chiffre sensiblement égal.

Plomb.

L'exploitation du minerai se fait presque exclusivement au Caucase, aux steppes Kirghiz, en Sibérie et la production du plomb métal s'est répartie ainsi qu'il suit en 1892 :

$$
\left.\begin{array}{lr}
\text{Caucase. . . . .} & 162^T \\
\text{Steppes Kirghiz . . . .} & 232 \\
\text{Altaï . . . .} & 367 \\
\text{Nertschink . . . .} & 167
\end{array}\right\} 928^T
$$

Le surplus nécessaire à la consommation, 20.000^T environ est importé d'Angleterre, d'Allemagne, de France, de Belgique.

Zinc.

Les principaux gisements de minerais sont en Pologne, où 2 usines donnent plus de 5.000^T; usines *Emma* et *Pauline*.

La production totale a atteint 5.500^T en 1892. Le surplus nécessaire est importé d'Allemagne et d'Angleterre.

Étain.

L'usine de *Pitkaranda*, en Finlande, produit environ 10^T; le surplus nécessaire, 2.000^T environ, vient d'Angleterre, d'Allemagne, de Hollande et de France.

Or.

La production s'est répartie ainsi qu'il suit, en 1891 et 1892 :

	1891	1892	USINES
Oural	11.548¹ᵍ	12.353¹ᵍ	Iékatérinenburg.
Sibére occidentale	2.797	2.790	Tomsk
Sibérie orientale	24.735	27.459	Irkoutsk.
Finlande	9	»	
	39.089¹ᵍ	42.602¹ᵍ	

Argent.

La production de l'argent a été la suivante, en 1891 et 1892 :

	1891	1892	USINES
Caucase	452ᵏᵍ	471ᵏᵍ	Uşinc d'Alaghirzk.
Altaï	9.749	8.055	
Steppes Kirghiz	1.578	622	
Nertschink	906	908	
Finlande	1.038	»	Usine de Pitkaranda.
	13.723¹ᵍ	10.056¹ᵍ	

Platine.

Il se trouve dans le gouvernement de Perm, et notamment, dans les placers de *Nijni-Taghil* et de *Krestovosdvigensk.*

La production a été, en 1892, de 4.573ᵀ, dont les trois quarts ont été exportés.

Mercure.

La production vient presque exclusivement de *Nikitovka*, dans le gouvernement d'Iéka-térinoslav.

La mine et l'usine appartiennent à la Société *Auerbach* et Cⁱᵉ, et donnent 343ᵀ, avec 750 ouvriers. Les deux tiers sont exportés en Allemagne.

Manganèse.

La principale exploitation est celle du district de *Charapansk ;* puis celles du Koutaïs et de Tiflis, des gouvernements de Perm et d'Orembourg.

La production s'est répartie ainsi qu'il suit, en 1891 et 1892 :

	1891	1892
Oural	1.950ᵀ	819ᵀ
Caucase	100.300	108.950
Iékatérinoslav	10.800	29.412
	113.050	199.181

La majeure partie est exportée en Angleterre et en Hollande.

Nickel.

Les gisements, assez faibles d'ailleurs, sont dans le district de *Redvinsk* (Oural).

Asphalte.

4 usines, dans le district de Sizrane, rive droite du Volga, donnent 16.000^T. Le Caucase donne 1.600^T.

Soufre.

Il était exploité jadis dans le gouvernement de Kazan et en Pologne ; il ne l'est plus aujourd'hui qu'à *Tchirkat* (Caucase), et la production est de 360^T.

Pétrole.

La production de pétrole brut qui, d'après l'*Iron and Steele Institute*, a été de 4.756.417^T en 1891, et de 4.750.609^T en 1892, est presque exclusivement donnée par les sources des versants nord et sud du Caucase, et notamment par celles de cette dernière région, vers la presqu'île d'Apschéron, au nord-ouest de *Bakou*, port de la mer Caspienne.

En 1891, la distillation du pétrole à Bakou, se faisait dans 118 usines, et 130 autres étaient réparties sur divers points de l'Empire. L'industrie du pétrole occupait 12.000 ouvriers.

La Russie a exporté, cette même année, 739.000^T d'huiles d'éclairage et 83.000^T d'huiles de graissage.

La plus importante Société, est la *Société Nobel*, qui produit 308.000^T.

Sel. On distingue :

1° Le sel gemme gemme, dont les principaux gisements sont à *Ilekskaïa-Zachtita*, au sud d'Orembourg ; à *Tchapt-Chatchi*, gouvernement d'Astrakan ; à *Brianzevka*, gouvernement d'Iekatérinoslav, à *Koulpinks* et *Soustinks*, en Transcaucasie ;

2° Le sel provenant des nombreux lacs salins ;

3° Le sel des saumeries installées autour des sources salées.

	1891	1892
Sel gemme	224.193^T	270.139 ^{T}
Sel des lacs.	719.353	689.820
Sel des saumeries.	407.641	401.734
TOTAL. . . .	1.351.187	1.361.693

Le travail de la production minière et métallurgique a occupé 420.000 ouvriers en 1891.

18

Après cet énoncé sommaire de la production minérale et métallurgique, il paraît intéressant d'examiner chaque grand centre géographique, en groupant l'ensemble de ses productions diverses, de manière à avoir des données comparatives sur la richesse de chacun d'eux.

RÉGIONS DE PRODUCTION

Le territoire de l'Empire russe, peut être divisé en 5 grandes régions de production, savoir :

1° La Russie orientale (Oural, steppes Kirghiz, Turkestan) ;
2° La Russie centrale et du nord, la Finlande ;
3° La Pologne russe ;
4° La Russie méridionale ou nouvelle Russie, la Petite Russie, le Donetz, le Caucase ;
5° La Sibérie.

PREMIÈRE RÉGION

L'Oural est actuellement le plus riche centre de production minière et métallurgique ; les steppes Kirghiz et le Turkestan qui complètent la première région, ne donnent qu'un petit appoint de houille, de cuivre, de plomb et d'argent.

Les mines de l'Oural fournissent, en abondance :

Du fer : A Alapaësk, Blagodad, Filkino, Katchavar, Laya, Salda, Souka, Turjine, Ufalejsk, Visima, Vissokaïa ;

Du cuivre : A Bogolowsk, Médiokoudiansk, Nijni-Taghil, Rudnicki, Sukodoïsk, Wassilewsk ;

De l'or et de l'argent : A Bérézowsk, Miask, Nijni-Taghil, Volschenka, accru des mines d'Akmolinsk et de Sémipolatinsk, aux steppes Kirghiz ;

Du nickel : A Reudansk ;

Du platine : A Bizerski, Krestovosdvigensk, Nijni-Taghil ;

Du manganèse : A Sagloski, Sukoïsk.

On y trouve de nombreuses usines chauffées en majeure partie au bois, telles que : hauts-fourneaux, forges, fonderies, aciéries, verreries, fabriques de porcelaines et de produits chimiques.

Ses principales usines sont :

Pour le fer : Alapaësk, Jouritauski, Jourouziane, Kutinsk, Mikailovsk, Nitwa, Kamenskoï, Kouschwinski, Laya, Paschia, Nijni-Taghil, Perm, Salda, Tschornaïa, Visima, Verk-Issetsk, Votkinski.

Pour le cuivre : Bogolowsk, Kamensk, Nijni-Taghil, Paulow.

L'une des principales sociétés minières et métallurgiques de l'Oural est la *Société franco-russe de l'Oural*, au capital de 8 millions de francs, représenté par 16.000 actions de 500 francs.

Elle comprend les établissements Prince-Serge et Barrouin, dont le domaine a une étendue de plus de 500.000 hectares. Ses principales usines sont : Paschia, Mikailowsk, Nitwa, Tschornaïa.

Consistance de quelques mines et usines.

Alapaësk : Mine de fer, dans le district de Verkotourië, gouvernement de Perm ; elle est voisine de l'usine à fer du même nom qui compte 4 hauts-fourneaux.

Blagodad : Mine de fer appartenant à la Compagnie de la Nouvelle Russie, qui a des possessions importantes au Donetz.

Bérézowsk : Mine d'or en filons et sables aurifères, près d'Iékatérinenburg.

Bogolowsk : Mine de cuivre considérable, dans le gouvernement de Perm, d'une teneur de 3 à 4 p. 100, exploitée par les deux puits Serge et Rachette ; le premier donne 15.000^T de minerai riche, bon à traiter ; le second donne 30.000^T d'un minerai moins riche, dont un tiers reste dans la mine après le triage.

Les minerais sont traités à l'usine même de Bogolowsk, par le procédé Manhès perfectionné, et le cuivre y est raffiné par la méthode électrolytique.

Il y a aussi à Bogolowsk des ateliers de construction de matériel de chemin de fer, des usines à phosphore, à acide sulfurique, à ciment...

Filkino : Mine de fer près de Bogolowsk, donnant un minerai d'une teneur de 60 p. 100.

Jourithauski : Usine à fer de la Compagnie *la Nouvelle Russie* ; elle est alimentée en minerai de fer par la mine de Souka.

Jourouziane : Usine à fer, comptant 3 hauts-fourneaux au bois ; elle traite les minerais d'une mine voisine, d'une teneur de 45 à 60 p. 100 ; elle a des laminoirs pour tôles et pour fers profilés ; toute la force motrice est produite par l'eau.

Kamenskoï : Fonderie de l'État, à 2 hauts-fourneaux ; elle fabrique surtout des canons et des projectiles.

Katchavar : Mine de fer appartenant à la Société de la Nouvelle Russie.

Kouschwinski : Usine à fer de l'État ; elle est alimentée par la mine voisine de Blagodad et approvisionne en fonte d'autres usines de l'État.

Médiokoudiousk : Importantes mines de cuivre, dans le district de Nijni-Taghil ; elles ont donné jusqu'à 100.000^T, mais la production ne dépasse pas aujourd'hui 30.000^T. Elles occupent 400 ouvriers.

Miask : Placers et mines d'or, dans le district de ce nom.

Nijni-Taghil : Mines et usines à cuivre. L'usine appartient à la famille Demidoff, qui possède plusieurs établissements sur les deux versants de l'Oural.

Elle comprend des fours à cuve pour fusion du minerai, des fours à manche pour fusion de mattes, des fours à réverbère pour raffinage du cuivre noir. On y a récemment installé un atelier de traitement des minerais pauvres par voie humide.

Il y a aussi, à Nijni-Taghil, 1 exploitation de platine et 1 usine à fer, comprenant 10 hauts-fourneaux, des fours à puddler, à réchauffer; des convertisseurs Bessemer, des fours de cémentation et des laminoirs.

Paschia : Usine de 4 hauts-fourneaux, appartenant à la Société des forges de la Kama.

Perm : Nombreuses usines et fabrique de canons.

Souka : Mine de fer, appartenant à la Compagnie de la Nouvelle Russie et alimentant son usine de Jourithauski.

Valschenka : Sables aurifères sur le versant oriental de l'Oural, exploités par 200 ouvriers.

Wassilewsk : Gisements de cuivre du district de Bogolowsk.

Verk-Issetsk : Usine à fer du gouvernement de Perm; elle compte 7 hauts-fourneaux, fours à puddler et à réchauffer; elle produit des fontes et des tôles fines.

La production totale de la première région, est résumée dans le tableau ci-après :

OURAL, STEPPES KIRGHIZ, TURKESTAN	PRODUCTION	
Combustible.	252.616	
Minerai de fer.	1.010.000	
— de cuivre	63.800	
— de plomb.	7.500	
— d'or	7.500.000	
— de platine	780.000	
— de manganèse. .	819	
Asphalte	16.000	
Usines.		
Fonte	475.417	Dont 44.500ᵀ par les usines de l'État.
Fer.	274.889	Dont 16.500 Id.
Acier.	63.287	Dont 450 Id.
Cuivre.	2.876	
Plomb.	232	
Or.	12.353ᵏˢ	
Argent.	622ᵏˢ	
Platine.	4.573	

DEUXIÈME RÉGION

RUSSIE CENTRALE ET DU NORD, FINLANDE

Cette région se distingue plutôt par le nombre et la puissance de ses usines, que par la quantité et la richesse de ses mines :

Elle produit *du fer*, aux mines de Dankoff, Katnoff, aux lacs de Finlande et du gouvernement d'Olonetz, à Wilna, Minsk, en Volhynie, à Korsack-Moguila, en Tauride ;

Du cuivre, de l'or et de l'argent, à Pickrand, à Woronod-Bor, à Orawat, en Finlande.

Consistance de quelques usines.

Alexandrowski : Usine située à Saint-Pétersbourg, produisant des rails et des tôles pour chaudières ; elle est très prospère et a donné, en 1892, un dividende de 20 p. 100.

Bejetz : Usines et atelier de construction marchant depuis 1891 ; l'usine avait déjà construit, en 1891-1892, 24 locomotives et elle a reçu, en 1893, une commande de 100 locomotives pour les divers chemins de fer.

Briansk : Usines et ateliers de construction de la Société des forges et ateliers de Briansk. Les établissements sont situés sur la Desna, affluent du Dniéper, au sud-ouest de Moscou. Manufacture d'armes, fonderie de canons, grande fabrication de rails. L'usine compte 2 convertisseurs Bessemer et 6 fours Martin ; elle occupe 5.000 ouvriers.

Dashkoff : Fonderie de cuivre, dans le gouvernement de Mohilev.

Denischevski (Fonderies et forges de la Compagnie) *:* Elles sont situées en Volhynie, et comprennent 3 hauts-fourneaux, cubilots, fours à puddler et à réchauffer.

Koubbaki : Aciérie, dans le gouvernement de Njni-Novogorod ; elle fournit ses aciers à la Société de construction de Kostroma et aux chemins de fer.

Moscou : Aciérie de la Société métallurgique de Moscou, produisant des fers et aciers profilés, des rails...

Pastoukhof : Usines à fer, comprenant 6 hauts-fourneaux, de nombreux fours à puddler, à réchauffer, des laminoirs. Elles occupent 15.000 ouvriers.

Oboukoff : Aciérie importante près de Saint-Pétersbourg. Elle compte 240 fours de fusion à 4 creusets, et 2 fours Martin.

Suo-Jarvi : Usine à fer du gouvernement de Viborg ; elle fournit ses produits à la marine de l'État.

La production totale de la deuxième région est résumée dans le tableau ci-après :

RUSSIE SEPTENTRIONALE, CENTRALE ET OCCIDENTALE, FINLANDE	PRODUCTION	
Houille.	180.537^T	
Minerai de fer.	248.600	
— de cuivre . . .	9.000	
— d'étain.	22	
Usines.		
Fonte	111.149	Dont 4.400^T par les usines de l'État.
Fer	96.000	Dont 1.892 Id.
Acier	102.641	Dont 1.351 Id.
Cuivre.	405	
Étain	40	

TROISIÈME RÉGION

POLOGNE

La principale production de la Pologne russe est la houille; viennent ensuite les minerais de fer et de zinc.

Elle compte plus de 20 exploitations de houille dont les plus importantes sont celles de la Compagnie Sosnovitzi, de la Compagnie franco-italienne et de la Compagnie de Varsovie.

D'après le *Journal Colliery Guardian* du 29 juin 1894, la production houillère du bassin de *Dombrowa* aurait été répartie ainsi qu'il suit, en 1892, entre les diverses Compagnies exploitantes :

COMPAGNIES	PRODUCTION
Sosnovice	958.398ᵀ
Franco-Italienne	523.812
Renard	404.390
Milovice	55.905
Czeladz	129.700
Saturne	198.018
Varsovienne	388.265
Flora	94.283
Jean	61.087
Grodziec	27.179
	2.841.759

Consistance de quelques mines et usines.

Czelatz : Mine de houille comprise dans le bassin houiller de la Silésie, sur la Brinitza qui forme frontière.

Elle est exploitée, depuis 1880, par une Compagnie française, avec 400 ouvriers et donne 250.000ᵀ. Elle est reliée, par un petit embranchement, à la voie ferrée de Vienne à Varsovie.

Dombrowa : Mine de houille très importante qui a donné 560.000ᵀ en 1892, d'après le *Colliery Guardian*. Elle est voisine de plusieurs usines qu'elle alimente et notamment de celle de *Hütta-Bankova*. Elle appartient à une Compagnie française et occupe 2.500 ouvriers.

Il y a aussi à Dombrowa une usine à zinc traitant les blendes de la mine de Boleslau, qui a donné 57.000ᵀ de minerai en 1892. L'usine donne plus de 4.000ᵀ de zinc.

Frilejov : Usine à ciment de Portland.

Hütta-Bankova : Usine appartenant à la Société anonyme des forges et aciéries de Hütta-Bankova, au capital de 6.300.000 francs, représenté par 12.600 actions de 500 francs, dont 12.000 sont attribuées aux propriétaires russes des usines préexistantes.

Les établissements sont situés à Dombrowa, près des frontières allemandes et autrichiennes. Ils comprennent : 3 hauts-fourneaux, 9 fours à puddler, 9 fours Martin, 1 fonderie, 1 tôlerie, des ateliers de laminage.

Ils emploient les minerais de Krivoï-Rog (Donetz) qui appartiennent à la même Société et ceux de *Glückza*, de *Symonia*, et tirent leur coke de Silésie. Ils donnent 60.000^T de produits finis et notamment des rails.

La Société de Hütta-Bankova, qui possède déjà, au Donetz, les hauts-fourneaux et les mines de Krivoï-Rog, vient d'y faire construire les nouveaux hauts-fourneaux de *Constantinowska*.

D'après le *Journal des mines* et le Journal *Industries and Iron*, la production minière et métallurgique de la Pologne serait donnée par le tableau ci-après :

POLOGNE	1891	1892
Houille.	2.560.000	2.882.769
Minerai de fer.	"	212.000
— de zinc.	"	57.000
Usines.		
Fonte.	123.000	153.616
Fer.	72.500	64.131
Acier.	67.000	64.483
Zinc	"	4.027

QUATRIÈME RÉGION

RUSSIE MÉRIDIONALE OU NOUVELLE RUSSIE, PETITE RUSSIE, CAUCASE, DONETZ.

Le Caucase et le bassin du Donetz sont les deux grands centres de production de la quatrième région; les autres parties n'apportent qu'un faible appoint de houille, de fer et de manganèse.

Le Caucase : Il produit de la houille en petite quantité à Tkvipoul et à Kouban, sur les versants sud et nord de la chaîne; du *cuivre*, à Aktala, Kédabeck; *du plomb*, à Aktala, Kapatchaï, Kouban, Sadou; *de l'argent*, à *Sadou*, Sou-Joll; du manganèse, à Tchiatoura, Dade; du soufre, à Tchirkat; grande quantité de pétrole à Bakou et autres points de la presqu'île d'Apschéron; du sel gemme.

Consistance de quelques mines et usines.

Aktala : Mine de cuivre et de plomb argentifère, dans le Gouvernement de Tiflis, appartenant à une Compagnie française qui y a acheté, en 1887, un domaine de 11.000 hectares.

La teneur du minerai varie de 4 à 25 p. 100, les minerais les plus pauvres en cuivre présentent des galènes contenant 40 à 55 p. 100 de plomb et 5 à 8 p. 100 d'argent.

L'exploitation d'Aktala comprend les mines de *Tchambouch* et d'*Allah-Verdi*, et l'usine produit 2.000ᵀ de cuivre.

Bakou : Exploitation de pétrole, au sud-est de la presqu'île d'Apschéron, sur la mer Caspienne. Elle produit plus de 4 millions de tonnes. Cette industrie est excessivement prospère et a amené, depuis 15 ans, un accroissement considérable de la population. Elle rencontre toutefois une grande concurrence dans l'introduction en Europe des pétroles de Pennsylvanie.

Batoum : Très importante usine d'épuration de pétrole, appartenant aux Rothschild. C'est de là que se fait l'expédition des huiles d'éclairage dans les Indes et tout l'Orient et des huiles de graissage pour la France.

Dade : Mine de manganèse de la Géorgie, donnant 8.000ᵀ.

Kapatchai et *Kouban :* Mines de plomb argentifères, découvertes en 1890.

Kédabeck : Mine de cuivre et usine, appartenant aux frères Siemens, de Berlin. Elles sont situées à 60 kilomètres d'Élisabetpol. La production maxima a été de 40.000ᵀ d'un minerai à 10 p. 100, mais elle a considérablement diminué.

Le cuivre y est raffiné par le procédé électrolytique.

Tchiatoura : Mine très abondante de manganèse, d'une exploitation facile et d'un débouché assuré, mais pour laquelle les moyens de transport sont difficiles, à cause de son éloignement de la voie ferrée de Tiflis à Poti (40 kilomètres).

On construit actuellement un chemin de fer de la mine à la station de Sharopan.

Sadou : Mine de plomb argentifère et de blende, au nord du Caucase, et appartenant à l'État.

Elle a donné, en 1892, 558ᵀ de plomb argentifère, 98ᵀ de pyrite argentifère et 1.600ᵀ de blende. L'usine d'Alaghirck, voisine, a donné 162ᵀ de plomb et 470 kilogrammes d'argent.

Sou-Joll : Mine d'argent, voisine d'Aktala. Le minerai donne 30 kilogrammes d'argent par tonne.

BASSIN DU DONETZ.

Ce bassin est caractérisé par la production de la houille et du fer.

Mines de charbon : Annenskaïa, Calmious, Gorlofka, Groubskaïa, Kamenka, Korsum, Kourakovka, Routschenko, Jassinovataïa... qui ont donné 3.563.185ᵀ, en 1892.

Mines *de fer* de Krivoï-Rog, 472.000ᵀ.

Mine de *plomb argentifère* de Jouskino, tout récemment découverte par M. Glichow, et déjà exploitée.

Mine de *mercure* de Bakhmout, près de Nikitovka.

Le bassin du Donetz est compris entre le Donetz au nord, le Don à l'est, la mer d'Azov au sud et le Calmious à l'ouest; il est à cheval sur les gouvernements de Kharkow et d'Iékatérinoslav et sur le pays des Cosaques du Don. Il occupe, au nord de la mer d'Azov, une bande de 100 kilomètres de largeur moyenne sur 300 kilomètres de longueur de l'est à l'ouest. Il est vingt fois plus grand que les bassins du Nord et du Pas-de-Calais réunis et dix fois plus grand que celui de la Ruhr.

Le développement de l'industrie houillère remonte à 1871, époque à laquelle furent terminées les voies ferrées de Moscou à la mer d'Azov par Voronédge à l'est et de Moscou à la mer Noire par Kursk, Kharkow à l'ouest. Mais elle s'est accrue surtout depuis la construction récente des lignes aboutissant à Taganrog et Marioupol et de celle perpendiculaire qui traverse le bassin dans toute sa longueur de Svierevo à Iékatérinoslav. Aussi, la production de charbon qui n'était que de 600.000^T en 1880, dépasse-t-elle aujourd'hui 3.500.000^T.

Au début, les exploitations de houille et de fer et les usines furent installées au périmètre du bassin, à portée des voies ferrées. En 1878, la Société *Mieulle et Cie*, entrevoyant l'achèvement prochain du chemin transversal, acheta au centre du bassin que de nombreuses études avaient signalé comme la partie la plus riche, les domaines de Bogoroditz, 3.000 hectares, de Novo-Paulow, 10.000 hectares, et obtint la promesse de vente de plusieurs autres petits domaines.

La première usine créée fut celle de *Longansk*, construite par l'État.

Les diverses mines et usines actuellement exploitées appartiennent à diverses Sociétés dont les plus importantes sont :

1° La Compagnie de la Nouvelle Russie ;

2° La Société nouvelle des forges et aciéries du Donetz ;

3° La Société houillère franco-russe des houillères de Bérestroff, au capital de 2.400.000 fr., pour l'exploitation des mines de la région de Taganrog ;

4° La Société industrielle de la Russie méridionale, au capital de 6.800.000 francs. Elle a émis, en 1892, au taux de 462 francs, 13.000 obligations de 500 francs, remboursables en 43 années par voie de tirages semestriels et rapportant 25 francs d'intérêt ;

5° La Société française des mines de Doubovaga-Balka, au capital de 20 millions de francs ;

7° La Société de Hütta-Bankova.

Les principaux consommateurs sont : l'usine Alexandrowsk, les établissements métallurgiques de Kamenskoë, les hauts-fourneaux de Krivoï-Rog et de Constantinovska.

Les autres débouchés sont : Toula, Moscou, Kiev au nord, Sebastopol, Nikolaïef et Odessa au sud.

Consistances de quelques mines et usines.

Annenskaïa : Houillères de 32 kilomètres carrés, entre le Don et Dniéper, au nord-est d'Iékatérinoslav.

Bérestroff : Mine de charbon, dans le district de Taganrog, sur le rivage nord de la mer d'Azov.

Elenofka : Mine de fer, appartenant à la Société de la Nouvelle Russie.

Gorlofka : Exploitation importante de charbon, voisine de Nikitovka ; elle produit 250.000^T et alimente les chemins de fer et les usines voisines.

Krivoï-Rog : Très importante mine de fer voisine de l'usine Alexandrowsk. Elle alimente les hauts-fourneaux de Krivoï-Rog et de Constantinowska, appartenant à la Société de Hütta-Bankova, à Dombrowa.

Routschenko : Mine de charbon, de 8.000 hectares de superficie, produisant plus de 400.000^T.

Usines.

Alexandrowsk : Très importante usine à fer, à proximité des mines de charbon et des minerais de fer de Krivoï-Rog.

Elle comprend : 3 hauts-fourneaux donnant ensemble 250^T de fonte, 1 halle de puddlage, 1 aciérie Bessemer et 1 aciérie Martin, des trains de laminoir, 1 fonderie, 1 briqueterie, des ateliers de construction et de réparation du matériel de chemin de fer.

Constantinowska : Hauts-fourneaux de la Société Hütta-Bankova.

Jouskino : Usine à plomb, récemment installée.

Auerbach et Cie : Usine à mercure, traitant les minerais de Bakhmout, près de Nikitovka et produisant 340^T.

Nouvelle Russie (forges et fonderies de la Société), produisant des fontes, des fers et des rails et occupant 6.000 ouvriers.

Soulinowski : Usine à fer.

La production minière et métallurgique de la quatrième région est résumée dans le tableau ci-après :

PETITE RUSSIE, RUSSIE MÉRIDIONALE, CAUCASE, DONETZ	1892
Combustible	3.582.499
Minerai de fer.	472.000
— de cuivre	43.400
— de plomb	5.250
— de zinc	2.000
— d'argent.	1.500
— de mercure	56.000
Manganèse.	198.362
Asphalte	1.690
Soufre.	360
Pétrole	4.750.609
Usines. . . . . . . ⎰ Fonte.	281.732
Fer	56.714
Acier	140.732
Cuivre.	1.958
Plomb.	462
Zinc.	250
Argent.	471^{kil}
Mercure.	343^T

Suivant le *Colliery Guardian* du 22 juin 1894, les mines et usines à fer de la Russie méridionale auraient produit, en 1893 :

27 mines de charbon, à Bakhmout . . . .   1.252.450^T ⎫
60 mines de charbon, près de Lougansk. . . . .   906.900   ⎬ 2.166.968^T
1 mine de lignite, à Iékatérinopolsk. . . . .   7.618   ⎭

18 mines de fer, en Volhynie et à Krivoï-Rog. . . . . . .   613.415^T ⎫
Les mines de Karakoubsky et de Stilsky. . . . .   12.200   ⎬ 625.615^T

5 mines de manganèse, près de Nikopol. . . . .   764.500^T

La production de fonte, fer ouvré, acier, rails, se répartissait par usine, ainsi qu'il suit :

NOMS DES USINES	FONTE	FER OUVRÉ	ACIER	RAILS
Alexandrowsky	83.446	9.910	7.245	44.757
Dniéper.	89.520	13.780	18.715	38.254
Novorossisk.	122.960	7.480	1.400	50.760
Denecheffsky	1.160	1.750		
Jugodinsky.	1.180			
Krapudensky	200			
Emellschinsky	250			
	319.176	32.540	27.360	133.771

Le nombre des ouvriers employés était :

13.322 aux mines de charbon.
1.718 aux mines de fer.
895 aux mines de manganèse.
12.854 aux usines.

CINQUIÈME RÉGION

SIBÉRIE

Les renseignements sont encore rares et peu précis, en ce qui concerne la production minière et métallurgique de cet immense territoire.

Il produit de la *houille*, dans le bassin de Kouznetzk au sud-est de Tomsk et à l'île Sakhalien dans la mer d'Okhotsk ; du *fer*, du *cuivre* dans la région de l'Altaï, aux mines du Sougatof et de Tschoudag ; *du plomb* dans l'Altaï et le district de Nertschink, aux mines de Schlonberger ; de *l'or* et de *l'argent* aux mines de Tomsk, d'Irkoutsk, dans l'Altaï et le district de Nertschink, aux environs du lac Baïkal.

On peut citer les usines à fer d'*Abakan*, de *Gouriev*, *Nicolas ;* cette dernière possède 3 mines de charbon et 50.000 hectares de forêts.

Les usines à or et à argent de *Barnaul*, *Lotzevo*, *Paulow*.

Par suite des travaux de construction du chemin de fer transsibérien, il vient de se former une puissante société, sous le titre de : *Société minière et métallurgique de Sibérie*, au capital de 20 millions de francs.

La production minière et métallurgique de la Sibérie pour l'année 1892, est résumée dans le tableau ci-après :

	1892	1893
Houille.	32.291	
Minerai de fer	17.000	
— de cuivre.	3.800	
— de plomb.	17.270	
— d'or.	16.500.000	
— d'argent	27.000	
Usines.		
Fonte.	7.275	
Fer.	3.200	
Acier.	180	
Cuivre.	216	
Plomb	534	
Or.	30.240^{k}	
Argent.	8.963^{ks}	

Enfin, le tableau ci-après donne, par la récapitulation de la production particulière à chaque région, l'ensemble de la production minière et métallurgique de l'Empire russe, pour l'année 1892.

En parallèle, se trouve indiquée la production pour l'année 1891 :

	1891	1892	1803
Combustible	6.233.000	6.939.412	
Minerai de fer.	1.796.000	1.939.690	
— de cuivre.	135.000	124.100	
— de plomb.	30.000	30.000	
— de zinc.	27.000	59.000	
— d'étain.	22	22	
— d'or.	22.792.000	24.000.000	
— d'argent.	32.000	29.000	
— de platine.	775.000	780.000	
— de manganèse.	113.050	199.481	
Asphalte	16.000	17.600	
Soufre.	336	360	
Pétrole.	4.756.417	4.750.609	
Sel gemme.	1.351.187	1.361.693	
Minerai de mercure	46.000	56.000	
Usines.			
Fonte.	1.004.745	1.029.189	
Fer.	433.000	474.937	
Acier	378.000	373.223	
Cuivre.	5.718	5.455	
Plomb.	556	928	
Zinc.	3.673	4.277	
Étain.	9	10	
Or.	39.089^{ks}	42.602^{ks}	
Argent	13.723	10.056	
Platine.	4.236^{T}	4.573^{T}	
Mercure.	270	343	

SUÈDE ET NORVÈGE

SUÈDE ET NORVÈGE

La Suède forme la partie orientale de la presqu'île scandinave qui se rattache au continent européen par la Laponie russe. Elle est limitée, à l'est et au sud, par le golfe de Bothnie et par la mer Baltique ; au sud-ouest et à l'ouest, par le Cattégat, le Skager-Rack et la Norvège qui forme la partie occidentale de la presqu'île et dont elle est séparée par la chaîne des monts Doffrines.

Elle est semée de lacs, de marais et coupée de nombreux cours d'eau qui, descendant de la chaîne de partage et coulant généralement du nord-ouest au sud-est, se jettent dans les mers qui baignent son rivage oriental.

Elle a 1.400 kilomètres de longueur du nord au sud, 360 kilomètres dans sa plus grande largeur, et compte 4.600.000 habitants.

Le sol est généralement plat et les divers lacs et cours d'eau sont reliés entre eux par un système très complet de canaux qui, aboutissant aux divers ports d'embarquement, favorisent les relations commerciales et l'exportation des bois, des grains et des métaux bruts ou travaillés.

Ses deux grands ports de commerce sont : *Stockholm* à l'est sur la Baltique, *Gottembourg* à l'ouest, sur la mer du Nord ; ce dernier, d'un accès plus facile et libre à toute époque de l'année, est en communication régulière avec tous les grands ports de l'Europe.

Son climat est rigoureux ; l'été y est court et chaud, l'hiver froid et sec.

Le sol de la Norvège est plus accidenté que celui de la Suède et ses côtes occidentales sont très escarpées et coupées de nombreux petits golfes ou *fiords*.

Il est, comme celui de la Suède, coupé de lacs et de nombreux cours d'eau, mais il est moins fertile et moins cultivé.

Le commerce de la Norvège consiste dans l'exportation de bois, de goudrons et de résines, et de minerais variés. Sa population est de 2 millions d'habitants. Ses villes principales sont : *Kristiania, Bergen, Trondjem, Stavanger, Drammen, Kristiansand*.

La Suède et la Norvège ont un même roi, mais une administration distincte pour chacune d'elles.

La Suède est divisée en 24 préfectures qui sont :

PRÉFECTURES	CHEFS-LIEUX	
Stockholm.	Stockholm.	Sur la Baltique, au débouché du lac Mélar.
Upsala	Upsal.	Au nord du lac Mélar.
Sudermanland.	Nyköping.	Sur la Baltique, au sud-ouest de Stockholm.
Ostergöttland.	Lynköping.	Entre le lac Wetter et la Baltique.
Jonköpping.	Jonköpping.	A la pointe sud du lac Wetter.
Kronoberg.	Vexio.	Sur la voie ferrée de Stockholm à Malmö
Calmar.	Calmar.	Sur la Baltique, en face l'île d'Oland.
Göttland	Wisby.	Sur la côte occidentale de l'île Göttland.
Blekinge.	Carlscrone	Dans la Baltique, sur la côte méridionale de Suède.
Kristianstadt	Kristianstadt	Sur l'Helgea, près de son confluent dans la Baltique.
Malmohus.	Malmö	Port sur le Sund, en face de Kopenhague.
Halland.	Halmstadt.	Port du Cattégat, à l'embouchure de la Nissa.
Göttcborg.	Gotteborg.	Port au débouché du canal de Gothie.
Elfsborg.	Venersborg	Sur le lac Wetter, à la tête du canal de Gothie.
Skaraborg.	Mariestad.	Sur la côte orientale du lac Wetter.
Wermland.	Carlstad.	A la pointe septentrionale du lac Wener.
Orebro	Orebro	A la pointe occidentale du lac Hielmar.
Westmanland.	Westeras	Au rivage nord du lac Malar.
Kopparberg	Fahlun	Sur le lac Runn, relié à Gëfle par voie ferrée.
Gefflcborg.	Gefle.	Au fond de la baie de Gëfle, golfe de Bothnie.
Westernonland	Hernosand	Rive occidentale de l'île Hernoën.
Jemtland	Ostersund.	Ville intérieure du nord, par 63° de latitude
Westerbotten	Umea.	Port à l'embouchure de l'Umea, golfe de Bothnie.
Norrbotten	Huléa.	Port à l'embouchure de l'Uléa, golfe de Bothnie.

PRODUCTION MINIÈRE ET MÉTALLURGIQUE

La Suède possède des minerais de fer excellents donnant lieu à de nombreuses exploitations et produisant, dans leur ensemble, près de 1.300.000^T. On y compte 350 hauts-fourneaux, généralement au bois, 500 forges et plus de 30 aciéries. Les principales mines de fer sont :

Dannemora, Dalkesberg, Gellivara, Grangesberg, Sandwicken, Norberg, Persberg, Rällingsberg, Swarttberg.

On y trouve aussi de nombreuses mines de zinc, de cuivre, de galène argentifère ; l'argent se rencontre exclusivement dans ces galènes, tandis que, en Norvège, on le trouve quelquefois à l'état natif.

On peut citer parmi les mines les plus remarquables, les mines de blende d'*Ammeberg,* Les mines de cuivre d'*Aamdal, Atvidaberg, Fahlun, Rœros, Vigsnaës;* les mines de plomb argentifère de *Sala;* les mines de nickel de *Sagmira, Klefva* et, en Norvège, celles de *Rengérick, Snarum, Trajerö;* les mines de phosphate de *Lysacker* et d'*Odegard-Bamble.*

Les hauts-fourneaux sont généralement situés à proximité des forêts et des mines de fer, afin d'éviter les frais de transport des matières premières à de longues distances ; ce n'est qu'ensuite que les fontes, d'un volume bien moindre, sont transportées aux forges et aciéries qui ne fabriquent pas elles-mêmes leurs fontes.

Les forges fabriquent des fers excellents, très appréciés et qui portent toujours la marque et le poinçon de l'usine de fabrication. Les usines les plus renommées sont : *Kärmansbo*, au nord-ouest de Stockholm , *Horndal*, près de Fahlun, qui donne des aciers comparables à ceux de Scheffield et qui sont exportés en France, en Belgique et en Amérique.

On peut citer aussi les petites usines de *Leupta*, *Osterby*, *Gimö*, où sont traités les excellents minerais de Dannemora, par la vieille méthode wallonne; elles vendent leurs fers exclusivement à Scheffield.

Il y a cependant en Suède plusieurs usines modernes dont la plus importante est celle de *Donnarfvët*; vient ensuite celle de *Sandwicken* sur la voie ferrée de Fahlun à Gèfle qui produit de l'acier excellent et fabrique, au martelage, d'énormes pièces de marine, des essieux et des bandages de roues.

La production du fer qui s'est élevée, en 1892, à 1.291.933^T, s'est répartie ainsi qu'il suit :

Préfecture de Stockholm		24.025^T
—	Upsala	74.562
—	Södermanland	23.573
—	Ostergottland	2.083
—	Ionkäpping	453
—	Vermland	86.312
—	Orebro	306.658
—	Westmanland	151.991
—	Kopparberg	433.150
—	Gèflleborg	9.364
—	Nordbotten	178.862
	Total	1.291.933

Le minerai de lacs et de marais s'est élevé à 1.650^T. Les mines de fer occupaient 7.600 ouvriers.

La production des mines et des usines de Suède et de Norvège, en 189?, est résumée ci-après :

MINES	OUVRIERS	NATURE	1892	1893
	1.523	Houille	199.388	
353	7.564	Minerai de fer	1.291.933	
30	652	— de plomb argentifère.	19 803	
19		— d'or	3.463	
15	694	— de cuivre	24 069	
37	844	— de zinc	54.981	
		{ — de manganèse	7.832	
11	226	{ — nickel	483	
		Soufre	45.600	
		{ Alun	355	

Usines (Colliery Guardian).

93 hⁱˢ-fourn. }		Fonte	478 696	450.900	
325 foyers		Fer	235.426	221.790	
25 conv }	18 994	Lingots Bessemer	82.386	84.840	
22 fours M. }		Lingots Martin	74 634	78.500	
3 fours. }		Acier au creuset	617		
2		Plomb	799		Kafveltorps, Sala.
3	474	Or	87ᵏˢ,600		Adelfors, Kafveltorps, Fahlun.
5		Argent	5.210ᵏˢ,600	,,	Atvidaberg, Helsinborgs, Kafveltorps, Sala, Fahlun.
4	164	Cuivre	745	,,	Atvidaberg, Helsingbors, Kafveltorps, Fahlun.
2		Cuivre laminé	301		Grancfors, Skultuma.
		Laiton	302		Gusums, Skultuma.
2	574	Sulfate de cuivre	580ᵀ		
		Sulfate de fer	476		

Les usines à or, argent, plomb, cuivre, avaient la répartition et ont donné les productions indiquées ci-après :

NATURES DES USINES	NOMS	PRÉFECTURES	PRODUCTION	
			PARTIELLE	TOTALE
3 usines à or	Adelfors . . . . Kafveltorps . . . . Fahlun (Gustave III) . .	Jonkoppings . . . . Orebro . . . . Kopparberg	5ᵏᵍ,930 0 ,046 80 ,664	*Or.* 87ᵏᵍ,600
5 usines à argent	Atvidaberg . . . . Helsingsborgs . . . . . Kafveltorps . . . . Sala . . . . Fahlun	Ostergotland . . . . Malmohüs . . . . Orebro . . . . Westmanland . . . . . . Kopparberg	118ᵏᵍ,900 148 ,600 496 ,040 4.505 ,560 241 ,500	*Argent.* 5.210ᵏᵍ,600
2 usines à plomb	Kafveltorps . . . . Sala	Orebro . . . . Westmanland	329ᵀ 470	*Plomb.* 799ᵀ
4 usines à cuivre	Atvidaberg . . . . Helsingsborgs . . . . . Kafveltorps . . . . Fahlun	Ostergotland . . . . Malmohüs . . . . Orebro . . . . Kopparberg	202ᵀ 298 48 199	*Cuivre.* 745ᵀ
2 usines à laminage de cuivre . . .	Grancfors . . . . Skultuma	Blekinge . . . . Westmanland	125ᵀ 186	*Cuivre laminé.* 301ᵀ
2 usines à laiton	Gusums . . . . Skultuma	Ostergotland . . . . . . Westmanland	102ᵀ 200	*Laiton.* 302ᵀ

PRINCIPALES MINES ET USINES

Mines de houille.

Höganäs : Exploitation au nord d'Helsingsborgs, à la pointe sud-ouest de la Suède et à l'entrée du Sund. Une partie de sa production alimente l'usine voisine de *Terra-Cotta*. Les autres mines importantes sont : *Billesholm*, *Bjuf*, *Skromberga*, *Ljungsgarda*.

Mines de fer et usines.

La plus grande partie des mines de fer sont situées au nord et au sud de la région des lacs Mälar, Hielmar, Wetter et Wenern et dans la région septentrionale des préfectures de Nordbotten, où se trouvent les riches mines de *Gellivara* et de *Kirunavara*, qui embarquent leurs minerais au port de Luléa.

Les minerais de fer de Suède, excellents comme il a été déjà dit, ont une très faible teneur en phosphore, notamment ceux de *Dannemora* et de *Persberg*.

Dalkessberg : Mine de fer dans la préfecture d'Orebro.

Dannemora : Mine de fer de la préfecture de Stockholm, entre cette ville et celle de Gefle. Elle produit 60.000^T d'un minerai riche associé à d'autres minéraux qui rendent inutile l'emploi de fondants. Ces minerais, traités aux petites usines de Gimö, Leufta, Osterby, donnent des fers excellents qui sont vendus à Scheffield.

Gellivara : Mine découverte en 1890, dans la préfecture de Nordbotten ; elle a produit 300.000^T en 1891 et laisse espérer 500.000^T pour 1892. Elle exporte ses minerais par le port de Luléa, auquel elle est reliée par une voie ferrée de 200 kilomètres.

Grängesberg : Mine de fer de la préfecture de Kopparberg, sur la voie ferrée de Gefle et Fahlun à Gottembourg. Elle produit 260.000^T et occupe 1.100 ouvriers. La moitié de ce minerai est exportée en Silésie et en Westphalie.

Norberg : Mines de fer, de la préfecture de Westmanland, entre deux petits lacs, à 30 kilomètres au sud-ouest d'Avesta. Leur production qui a été, en 1892, de 53.000^T (*Iron and steel Institute*), pourrait atteindre un chiffre plus élevé si elles étaient exploitées en grand au lieu de l'être isolément par chaque propriétaire. Les minerais sont traités à l'usine d'Avesta.

Persberg : Mine de fer, dans la préfecture de Wermland, reliée à la voie ferrée principale de Fahlun à Gottembourg. Elle produit 35.000^T environ d'un minerai très pur et d'une teneur de 55 p. 100.

Vakern-Hotten : Nouvelle mine de fer en Dalécarlie, province de Fahlun, donnant un excellent minerai rendant 70 p. 100 de fer pur.

Principales usines à fer et aciéries.

Avesta : Aciérie située près de la voie ferrée et sur la rivière Dal-Elfven, à 50 kilomètres sud-ouest de Fahlun. C'est l'une des plus considérables de Suède. Elle traite les excellents minerais de Norberg.

Elle comprend : 2 hauts-fourneaux, 2 fours de grillage, 2 convertisseurs Bessemer, 1 atelier de laminage. Elle ne produit qu'un acier doux très remarquable par son homogénéité et sa ténacité.

Bangbrö : Usine à fer et aciérie comprenant 4 hauts-fourneaux au bois, 2 convertisseurs Bessemer, 1 fonderie, 1 scierie, des ateliers de construction et 1 fabrique de produits réfractaires. Elle donne annuellement 6.500^T d'acier Bessemer, qui est raffiné à l'usine de *Motala*.

Elle a construit dans ses ateliers, depuis son origine, plus de 300 machines à vapeur, 500 steamers et 70 locomotives. Elle appartient à la Société des usines, chantiers et ateliers de *Motala* qui possède, en outre, les usines de *Motala*, *Lyndolmen*, *Nykopping* et *Norkoping*.

Böfors : Usine comprenant : 1 haut-fourneau au bois, donnant alternativement de la fonte blanche Lancashire ou de la fonte grise Martin, et 2 fours Martin.

Elle produit surtout des canons, des gouvernails, des hélices et autres pièces en acier coulé.

Elle est à proximité des voies ferrées et communique par eau avec le Sund et avec le lac Wener.

Donnarfvèt : Usines les plus importantes de l'Europe septentrionale, appartenant à la Compagnie *Stora-Kopparbergs-Bergsags* et situées à 20 kilomètres de Fahlun, sur les rives du Dal-Helf, qui actionne 9 turbines.

Elles comprennent : 4 hauts-fourneaux, 5 convertisseurs Bessemer, 3 fours Martin, 9 jours d'affinage Lancashire, 4 trains de laminoirs, 1 tréfilerie, 1 scierie et ont produit, en 1891 :

     52.000^T de fer en gueuses.
     25.000   d'acier Bessemer.
     26.000   d'acier Martin.
     45.000   de tôles.
       600   d'acier forgé.
     1.200   de fers en barres.
       600   de clous de cheval.

Hagfors : Usine près de Uddeholm, produisant de la fonte, de l'acier, des clous et des vis.

Elle comprend : 2 hauts-fourneaux, 2 convertisseurs Bessemer, 1 petit four Martin, des laminoirs, 1 fonderie et des ateliers de construction et de réparation.

Höfors : Usine à fer comprenant : 4 hauts-fourneaux et 1 aciérie de 2 convertisseurs Bessemer.

Motala : Très importante usine, située sur la rive orientale du lac Vetter, à la tête du canal qui le met en communication avec la Baltique. Elle traite les fontes des hauts-fourneaux du pays et fabrique exclusivement de l'acier Martin et du fer. Elle comprend : 1 four à puddler, 2 fours Martin, 4 trains de laminoirs pour fers marchands, tôles et rails. Elle emploie, comme combustible, les tourbes venues par bateaux de la rive occidentale du lac et quelque peu de charbon anglais. Elle produit 14.000^T de fer, 5.000^T d'acier et occupe 850 ouvriers.

Munkfors : Usine qui est le complément et l'annexe de celle de *Hagfors*, dont elle est voisine et qui lui fournit la fonte et un peu d'acier.

Elle comprend : 1 forge avec hall d'affinage Lancashire et des marteaux-pilons, 1 aciérie de 2 fours Martin, des laminoirs. Toute la force motrice est produite par des turbines actionnées par le *Klarelfven*.

Nykroppa : Usine située à 20 kilomètres du lac Wener et à 15 kilomètres au sud-est de Persberg. Elle comprend : 2 fours de grillage, 2 hauts-fourneaux, 2 convertisseurs Bessemer et produit environ 5.000^T d'excellent acier qui est exporté à Scheffield.

Sandwicken : Usine renommée pour la qualité exceptionnelle de ses aciers Bessemer qui peuvent, quelquefois, remplacer les aciers au creuset.

Elle comprend : 2 fours de grillage, 3 hauts-fourneaux, 4 convertisseurs Bessemer, des laminoirs, 1 tréfilerie, 1 scierie.

Mines de plomb argentifères et usines.

Sala : Mine de Westmanland, à 35 kilomètres au nord de Westeras, exploitée depuis le XVIe siècle. Elle occupe 200 ouvriers et donne 70.000^T de minerai dans lequel la galène est quelquefois associée au sulfure d'antimoine.

L'usine à plomb et à argent de *Sala* occupe 70 ouvriers et donne 470^T de plomb et 4.505^{kg} d'argent.

Kafveltorps : Usine produisant divers métaux et notamment 329^T de plomb.

Mines d'argent et usines.

Kongsberg (Norvège). Localité sur la rivière Laagen, à 60 kilomètres au sud-ouest de Christiania, centre d'un district minier argentifère très important de 450 kilomètres carrés. Il y a, à Kongsberg même, une mine d'argent natif très importante, produisant annuellement plus de 1 million de francs, laissant moitié bénéfices, 3 autres mines sont exploitées par l'État et l'ensemble occupe 350 ouvriers.

Les usines à argent sont : *Atvidaberg, Helsingborgs, Kafveltorps, Fahlun, Sala*, qui produisent ensemble 5.220^{kg}, dont 4.500^{kg} proviennent de la seule usine de *Sala*.

Mines de cuivre et usines.

Aamdal (Norvège). Mine appartenant, ainsi que l'usine de préparation mécanique, à une Compagnie anglaise. Toute la force nécessaire est produite par l'eau ; la mine occupe 130 ouvriers. L'atelier de préparation mécanique donne, par jour, 6^T d'un minerai d'une teneur minima de 20 p. 100 de cuivre, 285^{gr} d'argent et 7^{gr} d'or par tonne.

Atvidaberg : Mine de cuivre très ancienne, dont la production, autrefois considérable, n'est plus que de 6.000^T.

L'usine était très prospère, lorsque la mine était plus riche et plus productive et elle donnait jusqu'à 8.000^T de cuivre métal; elle ne donne plus aujourd'hui que 200^T.

Fahlun : Mine de cuivre exploitée depuis 1347 et produisant déjà 3.000^T en 1650 ; mais, depuis longtemps, les minerais sont devenus plus rares et moins riches et ils ne donnent plus actuellement que 200^T de métal.

Depuis 1884, on y exploite des quartz aurifères donnant 200^{gr} d'or à la tonne; la mine occupe 150 ouvriers et a produit, en 1891, 437^T de cuivre, 303^{kg} d'argent et 117^{kg} d'or. La production en 1892 a été de 199^T de cuivre, 241^{kg} d'argent et 81^{kg} d'or.

Rœros (Norvège). Mines de cuivre découvertes en 1644, au sud-ouest du lac *Our-Sund*, à 400 kilomètres au nord de Christiania ; 9 mines y sont exploitées et les plus remarquables sont : *Storwartz*, *Mug*, *Köngens*, *Avedal*, réparties autour du centre de Rœros.

Le minerai se compose de pyrite de fer et de pyrite de cuivre, rares à Köngens, mais dominant à Mug et à Avedal.

La production était naguère de 6.000^T de minerai de cuivre et de 10.000^T de minerai pour soufre, d'une teneur de 44 p. 100. Ce dernier minerai s'exporte en Allemagne.

L'usine de Rœros produit annuellement 500^T de cuivre rosette très pur, qui se vend à Hambourg 1.180 francs la tonne.

Stora-Kopparberg : Mine de cuivre exploitée depuis 800 ans; la production a atteint son maximum, 3.500^T en 1650, et a constamment diminué depuis, si bien que cette mine épuisée ne donne plus que 270^T.

Vigsnaës (Norvège) : Société des mines et usines de cuivre de Vigsnaës, au capital de 8 millions de francs.

Cette mine, située dans l'île de Carmö, au sud-ouest de la Norvège, découverte en 1865, appartient, depuis 1870, à une Compagnie belge.

Le minerai se compose de pyrite de fer et de pyrite de cuivre : les premières sont traitées préalablement pour mattes, les secondes sont envoyées directement en Belgique.

La mine, qui avait au début 700 ouvriers, n'en occupe plus que 250 et produit 20.000^T de minerai brut rendant 70 p. 100 de minerai utile.

La fonderie annexée à la mine pour traitement de mattes comprend : 5 fours de grillage, 2 fours de fusion et occupe 60 ouvriers.

Mines de blende et usines.

Ammeberg : Mine de blende, à 12 kilomètres au nord du lac Wetter, et appartenant à la Société de la Vieille-Montagne.

Plus près du lac se trouve l'usine de lavage et de grillage du minerai qui est envoyé en Belgique.

L'usine de grillage comprend 22 fours, occupe 400 ouvriers et expédie annuellement 25.000^T de minerai prêt à être fondu et qui donne 12.000^T de métal.

La mine elle-même donne 60.000^T de minerai brut et occupe 450 ouvriers.

Nysater (Norvège). Petite mine de blende, à 50 kilomètres au nord de Christiania.

Mines et usines de phosphates et de superphosphates.

Odegard - Bamble (Norvège) : Gisement de phosphates sur la côte occidentale du fiord de Christiania et à 20 kilomètres de Langsund, port d'embarquement; l'exploitation occupe 450 ouvriers et donne 6.000^T environ.

La principale exploitation appartient, depuis 1874, à une Compagnie française, au capital de 2.500.000 francs.

Les sociétaires ont acheté, depuis 1882, au sud-ouest de Christiania, la concession de *Bléka*, filon aurifère, et celle de *Dalem*, où l'on trouve de l'or natif.

Lysacker (Norvège). Usine de superphosphates, près de Christiania.

AUTRICHE-HONGRIE

AUTRICHE-HONGRIE

L'Empire austro-hongrois est le second État de l'Europe pour son étendue et le troisième seulement pour sa population qui est de 40 millions d'habitants, tandis que l'Allemagne qui occupe, de ce chef, le second rang, en compte 46 millions.

La constitution actuelle de l'Autriche-Hongrie date de 1866, au lendemain de Sadowa, et de 1878, après le traité de Berlin, en ce qui concerne l'occupation provisoire de l'Herzégovine et de la Bukowine.

L'Empire comprend deux grandes divisions, qui sont la *Cisleithanie* ou Autriche proprement dite, et la *Transleithanie* ou Hongrie.

La *Cisleithanie* ou Autriche comprend :

1° La Basse-Autriche, à l'est.	Capitale :	Vienne.
2° La Haute-Autriche, à l'ouest	—	Linz.
3° Le duché de Salzbourg.	—	Salzbourg.
4° Le duché de Styrie.	—	Grätz.
5° Le duché de Carinthie.	—	Klagenfurth.
6° Le duché de Carniole.	—	Laybach.
7° L'Istrie.	—	Trieste.
8° Le Tyrol et le Voralberg.	—	Innspruck.
9° Le royaume de Bohême	—	Prague.
10° Le margraviat de Moravie.	—	Brünn.
11° Le duché de Silésie.	—	Troppau.
12° Le royaume de Galicie.	—	Lemberg.
13° Le duché de Bukowine.	—	Tchernowitz.
14° La Dalmatie.	—	Zara.

La *Transleithanie* ou Hongrie comprend :

1° Le royaume de Hongrie.	—	Budda-Pesth.
2° La Transylvanie.	—	Hermanstadt.
3° Le territoire de Fiume.	—	Fiume.
4° La Croatie.	—	Agram.
5° Les confins militaires (Bosnie et Herzégovine). .	—	Carlstadt.

Orographie : Sa surface est occupée par deux grandes chaînes de montagnes; l'une, à l'est et au nord, comprend les monts de Bohême, Riesengebirge, Erzgebirge, les monts moraves, sudètes et les Karpathes; l'autre, au sud-est, comprend les ramifications des Alpes sous les noms de rhétiques, carniques, noriques... jusqu'aux Balkans.

La partie occidentale du territoire comprise entre la Bavière au nord, l'Italie et l'Adriatique au sud, est la plus montagneuse; elle comprend les duchés du Tyrol, de Styrie, de Carinthie et de Salzbourg.

Les grands cours d'eau qui coupent ou limitent sa surface et dont aucun ne lui appartient en propre, sont tributaires de quatre mers différentes : la mer du Nord, la Baltique, la mer Noire et l'Adriatique; le plus important de tous est le Danube.

PRODUCTION MINÉRALE

La production minérale de l'Autriche-Hongrie est considérable; outre l'or et l'argent et quantité de pierres précieuses, il y a des mines de *charbon* en Carinthie, Bohême, Silésie, Moravie, Styrie, Carniole et en Hongrie;

Des mines de *fer* en Styrie, Carinthie, Bohême, Moravie et Hongrie;

Des mines de *plomb* en Carinthie, Bohême, Tyrol et Galicie;

Des mines de *cuivre* dans le Salzbourg, le Tyrol, la Carinthie, la Hongrie et la Transylvanie;

Des mines d'*étain* en Bohême, à Abertham, Graupen;

Des mines de *zinc* en Galicie, Carinthie, Tyrol;

Des mines d'*antimoine* à Chemnitz, Kremnitz, Magurka, Felsö-Banya;

Des mines de *mercure* en Carniole;

Des mines de *sel* en Transylvanie, Galicie, dans le Tyrol et la haute Autriche;

Des gisements de *graphite* en Bohême et en Moravie;

Des mines de *manganèse* en Bukowine, à Léoben (Styrie), à Layback (Carniole).

D'après les statistiques publiées par le *Berg-und-Hüttenmanishes Zeitung*, le *Statistiches Jahrbuch* et the *Iron and Steel Institute*, la production minière et métallurgique aurait été la suivante, dans l'Empire austro-hongrois, en 1892 :

	AUTRICHE (CISLEITHANIE)					HONGRIE (TRANSLEITHANIE)	
	NOMBRE		MINERAI	MÉTAL	OUVRIERS aux usines	MINERAI	MÉTAL
	Mines	Ouvriers aux mines					
Houille. . . .	24.481	»	9.241.145T	»	»	994.812T	
Lignite. . . .		»	16.190.974	»	»	2.249.098	
Fer	2.204	»	993.290	(fonte) 630.787T		953.809	299.107T
Plomb.			13.265	7.252		90.500	1.300
Cuivre.			8.635	837		2.900	280
Zinc.			33.944	5.237			
Étain			33				
Antimoine. . .		108.784	96	114		220	350
Manganèse. . .			4.557			1.450	
Or.			164	13kg	12.894	4.000	2.131kg
Argent.			14.171	36.658		7.100	17.049kg
Mercure. . . .			79.447	542		»	8
Asphalte. . . .			78				
Pétrole.			»			80.000	
Sel.			284.983			159.912	
Graphite. . . .			25.000				

(Colonne Nombre, Mines: 6.957 mines, dont 876 d'or et argent.)

Les usines à coke et à agglomérés occupaient en outre, en Autriche, 8.500 ouvriers.

L'exploitation des salines occupait 10.600 ouvriers; celle du pétrole, 3.300 ouvriers, répartis dans 200 puits.

La Hongrie occupait, en 1891, 20.200 ouvriers aux mies de charbon; 19.000 ouvriers aux mines métalliques et 12.300 dans les diverses usines. Elle avait 64 hauts-fourneaux en activité.

La transformation et l'élaboration de la fonte, en Autriche, a donné 317.000T de fer et 53.000T d'acier.

La production du minerai de fer a très sensiblement diminué et est descendue de 1.231.250T, en 1891, à 993.290T, en 1892, tandis que la production de la fonte a légérement augmenté.

La répartition du minerai de fer et de la fonte, par province, en 1891 et 1892, était la suivante :

PROVINCES	1891		1892	
	MINERAI DE FER	FONTE	MINERAI DE FER	FONTE
Bohême	313.390T	127.274T	320.786T	134.934T
Basse-Autriche	1.490	59.351	100	34.159
Salzbourg	7.641	1.925	7.906	2.422
Moravie	21.635	192.625	25.797	245.106
Silésie.	5.348	37.322	4.518	49.262
Styrie	761.204	133.988	522.315	141.106
Carinthie	98.712	46.929	92.928	45.596
Tyrol	5.629	2.974	3.757	935
Carniole.	7.454	6.250	7.210	4.229
Galicie.	8.817	3.328	7.980	3.038
TOTAUX	1.231.250	617.145	993.290	630.787

BOHÈME

La Bohême forme, au nord-ouest de l'Empire, un vaste plateau rectangulaire dont les diagonales sont orientées nord-sud, est-ouest. Elle est entourée, sur tout son périmètre, de hautes montagnes coupées seulement par la trouée de l'Elbe qui reçoit toutes les eaux de sa surface.

Le sol est montagneux, traversé qu'il est par les divers contreforts de sa ceinture, et renferme des mines abondantes et variées dont l'exploitation constitue sa principale richesse.

La production de la Bohême a été la suivante, en 1891 et 1892 :

SUBSTANCE	1891	1892
Houille.	3.791.192T	3.688.714T
Lignite.	12.956.304	13.153.997
Minerai de fer.	313.320	320.786
— de plomb.	2.474	2.105
— de cuivre.	1.500	1.400
— de zinc.	»	1.285
— d'or.	28	14
— d'argent	14.538	14.171
— d'antimoine.	334	
— de manganèse.	5	
Production des usines.		
Fonte.	127.274	134.934
Fer.	»	»
Acier.	»	»
Plomb	1.561	1.500
Cuivre	92	80
Or	1ᵏᵍ,960	1ᵏᵍ
Argent	35 314ᵏᵍ,000	35 800ᵏᵍ
Antimoine	115T	»

En 1891, la Bohême avait 44.620 ouvriers aux mines de charbon, 1.134 aux mines de fer, 7.699 aux autres mines ; 5.019 ouvriers aux usines à fer, 920 autres usines, soit au total, 59.392 ouvriers employés dans l'industrie minière et métallurgique.

Mines de charbon.

Les principales mines de charbon de Bohême sont à *Billing*, *Busterhad*, *Rakowitz*, *Slany;* mais le centre d'exploitation le plus important est celui de *Kladno*, bassin houiller de 60 kilomètres carrés et qui donne plus de 2.000.000T.

Il est presque exclusivement exploité par les Sociétés :

Ost-Staatsbahn Gesselschaft ;
Prager-Eisen-Industrie ;
Bucksraderbahn Gessellschaft.

Les houillères de *Kladno* même, qui donnent 1.000.000^T, appartiennent à la première de ces Sociétés. Elles possèdent des ateliers de lavage et de fabrication de coke.

Les principales mines de *lignite* sont celles de Teplitz, qui donnent plus de 7.000.000^T.

Mines de fer.

Les mines de fer le plus activement exploitées se trouvent à *Adamsthal*, *Blatno*, *Ruppelberg* et *Nucié*; cette dernière, qui appartient à la Société métallurgique de Prague, produit 50.000^T.

Mines de plomb.

Przibram, mine de plomb argentifère donnant 320.000^T de minerai brut ou 14.500^T de minerai trié, produisant 4.500^T de plomb métal. Le minerai renferme 45 p. 100 de galène, 10 p. 100 de blende, du quartz... Le plomb d'œuvre obtenu contient 5 kilogrammes d'argent à la tonne.

L'exploitation a beaucoup diminué en 1892.

Autres mines de plomb à *Jackimow* et à *Küttemberg*.

Mines d'or.

L'exploitation récente des mines d'or de *Eule* et de *Schönberg* a donné, en 1891, 6^T pour la première et 22^T pour la seconde.

Principaux établissements métallurgiques.

Budweis : Usine d'antimoine traitant les minerais de Küttemberg et donnant 120^T.

Bischofshofen : Usine à cuivre sur la voie ferrée de Prague à Salzbourg; elle traite les minerais pyriteux de Mitterberg et peut produire 1^T de cuivre raffiné par jour.

Kladno : Usine à fer appartenant à la *Prager-Eisen-Industrie*, Société au capital de 22 millions, sur lequel les mines et les usines sont comprises pour 16 millions.

L'usine possède : 3 hauts-fourneaux, 4 fours à puddler, 2 convertisseurs Thomas, 7 trains de laminoirs.

Les hauts-fourneaux traitent, en grande partie, les minerais phosphoreux de *Nucié*, qui ne rendent que 35 p. 100 et ne donnent que des fontes médiocres, que l'on est obligé d'améliorer par des mélanges.

La production moyenne, en fontes diverses, est de 18.000^T, qui donnent 4.500^T d'objets moulés, 3.600^T de fer et 8.500^T d'acier.

Pilsen : Aciérie Martin.

Przibram : Usine à plomb et à argent, sur la Littava; elle est la propriété de l'État, qui en retire du plomb marchand, de l'argent et des litharges. Elle consomme les charbons de Teplitz et de Märish-Ostrau.

L'usine compte 84 fours de grillage, des fours à cuve de réduction, des fours à sole pour la coupellation; elle peut produire 5.000^T de plomb et 32^T d'argent.

Teplitz : Usine de la Société des aciéries et laminoirs de Teplitz. Elle compte 3 convertisseurs Bessemer et fabrique exclusivement des rails d'acier, dont elle produit 30.000^T. Elle occupe 600 ouvriers.

HAUTE ET BASSE-AUTRICHE

La Société *Œstereichische-Alpine-Mountan-Gesellschaft*, dont les possessions s'étendent sur tout le territoire, est l'une des plus puissantes Sociétés minières et métallurgiques du continent; elle possède des mines de combustible et de minerais divers et un grand nombre d'usines, comme l'indique le tableau ci-dessous :

COMBUSTIBLE		MINERAIS		USINES	
Fonsdorf. . . . . Montzenfelden . . . . . Seegraben . . . . Walberg	Styrie.	Golrad et Sollm . . . . Altenberg. . . . . Boukhogel . . . . Erzberg et Kohlberg. . Eisenerz . . . . Johnsbach . . . . Brunau et Alpen. . . . Laussa.	Styrie.	Eisenerz . . . . Fridauwerck . . . . . . Hiéflau. . . . . Neuberg . . . . Donawitz. . . . . Mariazell.	Styrie.
Fylippen . . . . Liésha . . . . Siele	Carinthie			Eberstein. . . . . Hefft . . . . Prevali.	Carinthie.
Pozemba. . . . . Orlau.	Silésie.	Hameberg . . . . Scheiben. . . . . Sontagberg.	Carinthie.	Krombach . . . . Zelltweg	Hongrie.
Döblitsch et Roblitsch. Köflach.	Carniole.			Swechat	Autriche.

Elle a produit, en 1890, dans ses diverses mines et usines :

    1.134.000^T de minerai de fer.
     193.000 de fonte.
      91.000 d'acier Bessemer, Martin et au creuset.
       2.500 de tôles fines.
     22.000 de rails.
       8.500 de fils de fers.
     10.033 de moulages de fonte, d'acier ou de bronze.

Swechat : Usine appartenant à la Société minière et métallurgique des Alpes autrichiennes. Elle comprend 2 hauts-fourneaux consommant les cokes de Bohême et les minerais de Styrie. Elle produit uniquement des fers en barre.

Ternitz : Importante aciérie de la Basse-Autriche, comprenant 6 convertisseurs Bessemer et des fours Martin.

Vienne : Atelier de construction de locomotives de la Compagnie des chemins de fer de l'État, produisant annuellement 100 locomotives.

La Haute et Basse-Autriche réunies ont produit, en 1892 :

$$46.287^T \text{ de houille.}$$
$$364.749 \text{ de lignite.}$$
$$100 \text{ de minerai de fer.}$$
$$34.159 \text{ de fonte.}$$
$$67.755 \text{ de sel.}$$

Elles occupaient 2.157 ouvriers aux mines et 240 aux usines, en 1891.

SALZBOURG

L'industrie est peu développée dans le pays de Salzbourg; il ne compte que quelques mines et quelques usines peu importantes.

Il a produit, en 1892 :

$$7.906^T \text{ de minerai de fer.}$$
$$2.422 \text{ de fonte.}$$
$$5.700 \text{ de minerai de cuivre.}$$
$$450 \text{ de cuivre métal.}$$
$$450 \text{ de minerai d'or.}$$
$$11^{kg} \text{ d'or.}$$
$$19.000^T \text{ de sel.}$$

Il occupait, en 1891, 518 ouvriers aux mines, 282 aux usines.

Mine de *nickel* inexploitée de *Léogang*.

STYRIE

Elle est comprise entre l'archiduché d'Autriche au nord, la Hongrie, la Carniole, la Carinthie et le pays de Salzbourg. Son sol, très montagneux, renferme des mines variées et abondantes; son industrie minière et métallurgique est très développée et en fait une des provinces les plus riches de l'Empire austro-hongrois.

Elle a produit, en 1892 :

$$234^T \text{ de houille.}$$
$$2.171.486 \text{ de lignite.}$$
$$522.315 \text{ de minerai de fer.}$$
$$141.406 \text{ de fonte.}$$
$$34 \text{ de minerai de plomb.}$$
$$1.066 \text{ de minerai de zinc.}$$
$$1.250 \text{ de manganèse.}$$
$$18.433 \text{ de sel.}$$

En 1891, elle occupait 14.150 ouvriers aux mines et 1.255 aux usines.

Principales mines de lignite.

Fonsdorf, Müntzenfelden, Watberg, Seegraben, appartenant toutes à la Société minière et métallurgique des Alpes autrichiennes.

22

Seegraben, qui a une superficie de 252 hectares, produit 200.000^T et occupe 800 ouvriers ; elle alimente les usines de Cilly, de Neuberg et de Grätz.

Principales mines de fer.

Altenberg et Boukhogel, Brunau et Alpen, Golrad et Sollm, Johnsbach, Kohlberg, Laussa, Eisenerz et Erzberg. Toutes ces mines appartiennent à la Société des Alpes autrichiennes. Les deux dernières, voisines l'une de l'autre, près de Léoben, donnent un minerai de fer spathique d'une teneur de 37 à 40 p. 100.

Elles peuvent produire 800.000^T.

Petites mines de plomb, de zinc, de manganèse.

Principaux établissements métallurgiques.

Donawitz : L'une des plus importantes usines de la Société minière et métallurgique des Alpes autrichiennes.

Elle est située à 6 kilomètres de Léoben, et traite pour fer et pour acier les fontes des hauts-fourneaux d'*Hiéflau* et de *Vordenberg*, jusqu'à l'achèvement d'un grand haut-fourneau de 140^T, qui lui fournira ses fontes sur place.

Elle comprend une fonderie, un atelier de puddlage de 17 fours, un atelier de laminage, une aciérie de 4 fours Martin et des fours pour acier de cémentation donnant 50^T par mois.

Elle produit 16.000^T de fer et 8.000^T d'aciers divers ; elle occupe 1.200 ouvriers.

Eisenerz : Usine de la Société des Alpes autrichiennes, comprenant 3 hauts-fourneaux, forges et aciérie.

Fridauwerck : Usine appartenant à la Société des Alpes autrichiennes, comprenant 2 hauts-fourneaux, une aciérie et des ateliers de fabrication de rails et de bandages.

Grätz : Aciérie appartenant à la Société des chemins de fer du Sud-Autrichien, qui y fabrique ses rails. Elle traite les fontes d'*Hiéflau* et le ferro-manganèse de l'usine Saint-Louis, à Marseille ; elle consomme les lignites de *Seegraben* et de *Köflach*.

Elle comprend 3 fours Martin, un atelier de réchauffage des lingots, une fonderie, un atelier de laminage de rails. Elle produit 24.000^T d'acier.

Hiéflau : Usine à fer dans la vallée de l'Ems, sur la voie ferrée de Linz à Trieste. Elle traite les minerais d'Eisenerz, Erzberg, et consomme les charbons de bois des forêts environnantes et les cokes de Bohême. Elle comprend 3 hauts-fourneaux (2 au bois, 1 au coke), et fabrique des fontes blanches d'affinage.

Il y aussi à Hiéflau une briqueterie donnant 10.000 briques par jour.

Mariazell : Usine à la Société des Alpes-Autrichiennes. Elle comprend : 3 hauts-fourneaux, 1 aciérie Martin, 1 atelier de moulage de fonte et de pièces de machines.

Neuberg : Usine appartenant à l'Œst-Alp.-Mountan-Gesellschaft. Elle comprend 2 hauts-fourneaux au bois traitant les minerais d'Altenberg, d'Eisenerz, 1 aciérie de 2 convertisseurs Bessemer et de 4 fours Martin, des laminoirs.

Elle produit 15.000^T d'acier et occupe 1.200 ouvriers.

Vordenberg : Usine de 4 hauts-fourneaux (2 au bois, 2 au coke), traitant les minerais d'Eisenerz et produisant 30.000^T de fontes diverses; elle occupe 200 ouvriers.

CARINTHIE

La Carinthie, située au sud-ouest de la Styrie, présente, comme elle, un sol très montagneux et riche en mines variées; l'industrie métallurgique y est très développée.

Principales mines de lignite.

Fylippen, Liésha, Siele, appartenant à l'Œst.-Alp.-Mountan-Gesellschaft.

Principales mines métalliques.

Bleiberg : Mine de galène et de blende; la blende est traitée à l'usine de *Sagor,* et la galène à l'usine voisine de la mine elle-même.

Raibl : Mine de zinc.

Hameberg, Scheiben, Sontagberg : Mines de fer appartenant à l'Œsterreichische-Alpine, Mountan-Gesellschaft.

Vashgang : Mine de cuivre.

Principaux établissements métallurgiques.

Bleiberg : Usine à plomb, située près de la mine du même nom, dans une vallée tributaire de la Drave, non loin de Villach. C'est l'un des cinq établissements métallurgiques de la même vallée qui appartiennent à la *Bleiberg-Bergwerks-Union.*

Elle produit annuellement plus de 5.000^T de plomb.

Cilly : Usine à zinc de l'État, créée, en 1874, pour l'utilisation des blendes du Tyrol et des calamines de *Raibl.* Les combustibles viennent de Sagor et de Seegraben. Le zinc produit est vendu par la régie.

Elle occupe 120 ouvriers.

Eberstein : Haut-fourneau au bois appartenant à l'Œst.-Alp.-Mountan-Gesellschaft.

Hefft : Usine à fer de 3 hauts-fourneaux et aciérie de 2 convertisseurs Bessemer. Elle appartient à l'Œst.-Alp.-Mountan-Gesellschaft.

Klagenfurth : Aciérie Martin.

Precali : Usine de l'Œst.-Alp.-Mountan-Gesellschaft comprenant : 2 hauts-fourneaux (1 au bois, 1 au coke), 1 atelier Bessemer, des forges, des laminoirs. Elle traite les minerais d'*Eisenerz* et produit principalement des rails, des tôles d'acier et des tuyaux de conduite.

Sagor : Usine à zinc traitant les blendes de *Bleiberg* et de *Peggaer* et les calamines italiennes de *Tarvis, Raills* et *Argentiera* : Elle occupe 80 ouvriers.

La Carinthie a produit en 1892 :

68.474^T de lignite.
92.928 de minerai de fer.
45.596 de fonte.
7.500 de minerai de plomb.
5.000 de plomb.
14.608 de minerai de zinc.
30 de manganèse.

En 1891, elle occupait 3.745 ouvriers aux mines et 669 aux usines.

CARNIOLE

Pays montagneux arrosé par la Save; les différentes mines, objet de son industrie, sont :

Mines de lignite.

Döblitsch et *Roblitsch*, appartenant à l'Œst.-Alp.-Mountan-Gesellschaft.

Sagor : A la Société houillère de *Triffail*; elle fournit du combustible à la Compagnie du Sud-Bahn.

Mines métalliques et usines.

Idria : Mine de cinabre, propriété de l'État qui l'exploite depuis 1580. Elle est située à 34 kilomètres de la voie ferrée de Vienne à Trieste (station de Loïtsch).

Elle produit environ 70.000^T de minerai et 500^T de métal.

Littai : Usine à plomb et à mercure, située sur la rive gauche de la Save et à proximité de la voie ferrée de Macburg à Trieste. L'usine à mercure a produit 16^T en 1891.

Neumarckt : Mine et usine à zinc, produisant 6.000^T de minerai et 20^T de métal.

La Carniole a produit, en 1892 :

136.173^T de lignite.
7.210 de minerai de fer.
4.229 de fonte.
44 de minerai de plomb.
600 de plomb métal.
6.000 de minerai de zinc.
1.352 de zinc métal.
79.447 de minerai de mercure.
542 de métal.
1.457 de manganèse.

En 1891, elle occupait 2.160 ouvriers aux mines et 419 aux usines.

Cette province a produit, en 1892, 86.888ᵀ de lignite, 7.820ᵀ de minerai de zinc et 31.000ᵀ de sel.

TYROL ET VORALBERG

Le Tyrol et le Voralberg, qui forment la partie occidentale de l'Empire austro-hongrois, présentent un sol ardu, coupé de montagnes et de vallées profondes. Leurs mines sont variées, mais peu abondantes et l'industrie métallurgique est peu développée.

Leurs mines et usines ont produit, en 1892 :

24.690ᵀ de lignite.
3.757 de minerai de fer.
933 de fonte.
287 de minerai de plomb.
142 de plomb métal.
1.535 de minerai de cuivre.
3.163 de minerai de zinc.
78 d'asphalte (mine de Seelfeld).
13.200 de sel.

Les mines occupaient 1.283 ouvriers et les usines 268.

MORAVIE

La Moravie possède des mines de lignite et de houille dont la principale est la houillère de *Tiefbau*, qui produit 400.000ᵀ et alimente, entre autres usines, celle de *Wittkowitz* dans l'enceinte de laquelle est le siège même de l'exploitation. Elle appartient à MM. Rothschild et Guttemann, de Vienne.

La Moravie produit aussi du fer et du plomb, mais en petite quantité.

L'usine de *Wittkowitz*, située à 2 kilomètres de la station de Märish-Ostrau et appartenant à la maison Rothschild, est une des plus importantes de l'Empire Elle comprend : 6 hauts-fourneaux, 3 à l'usine même et 3 autres à l'usine voisine de Sophien-hütte, 2 halls de puddlage de 26 fours, 1 aciérie Bessemer de 4 convertisseurs, 5 fours Martin, 1 fonderie de 4 cubilots, 1 usine à cuivre par voie électrolytique, 1 atelier de construction de chaudières et de tubes étirés, de construction de ponts, 1 usine à coke, 1 fabrique de produits réfractaires.

Elle occupe 8.000 ouvriers aux mines ou à l'usine.

La Moravie a produit, en 1892 :

111.024ᵀ de lignite.
1.179.790 de houille.
25.797 de minerai de fer.
215.106 de fonte.
35 de minerai de plomb.

SILÉSIE

La Silésie autrichienne présente un grand bassin houiller s'étendant de l'est à l'ouest, sur la rive gauche de l'Oder, exploité par de nombreuses Sociétés et alimentant les hauts-fourneaux de Styrie.

L'une des principales exploitations est celle de *Polnish-Ostrau*, qui appartient à la Compagnie des chemins de fer du Nord et qui produit 500.000^T.

L'usine la plus importante est l'aciérie et la fabrique d'armes de *Teschen*, sur l'Olsa.

La Silésie autrichienne a produit en 1892 :

$$3.093.541^T \text{ de houille.}$$
$$548 \text{ de lignite.}$$
$$4.518 \text{ de minerai de fer.}$$
$$49.262 \text{ de fonte.}$$

Elle occupait, en 1891, 19.000 ouvriers aux mines et 1.320 aux usines.

GALICIE

La Galicie, au nord-est de l'Empire d'Autriche, compte une population de 6 millions d'habitants ; son territoire est couvert par les Karpathes et leurs ramifications.

Le sol renferme des mines variées peu exploitées. L'industrie du pétrole s'est développée récemment dans la région de *Polono*, qui produit 300.000^T.

La Galicie a produit, en 1892 :

$$632.479^T \text{ de houille.}$$
$$19.960 \text{ de lignite.}$$
$$7.980 \text{ de minerai de fer.}$$
$$3.038 \text{ de fonte.}$$
$$3.260 \text{ de minerai de plomb.}$$
$$13.720 \text{ de minerai de zinc.}$$
$$2.050 \text{ de zinc.}$$
$$122.042 \text{ de sel.}$$

BUKHOVINE

Elle a produit, en 1892, 2.150^T de manganèse et 3.046^T de sel.

DALMATIE

Elle a produit, en 1892, 53.288^T de lignite et 10.828^T de sel.

HONGRIE

Tandis que l'Autriche proprement dite ou Cisleithanie possède les deux grands bassins houillers de *Kladno* (Bohème) et *d'Ostrau* (Silésie) qui donnent, chacun, plus de 3.000.000ᵀ, la Hongrie ou Transleithanie, moins bien partagée, ne possède que les houillères de *Székuhl*, de *Doman*, de *Steyerdorf*, de *Fünfkirchen* et quelques autres de moindre importance dont la production totale ne dépasse pas 1.000.000ᵀ.

Les exploitations de lignite de *Salgo-Tarjan*, de *Pétroszény* et de la vallée de la *Rima* produisent, de leur côté, 2.500.000ᵀ.

Minerais de fer.

Les plus remarquables sont ceux de :

Dobschau, qui alimentent les hauts-fourneaux de Moravie et ceux de la Silésie prussienne et autrichienne ;

Vasghézy, appartenant en grande partie à la Société de Salgo-Tarjan, qui en extrait 100.000ᵀ pour son usine de *Licker*.

Teleck et *Rudö-Banya*, qui donnent 90.000ᵀ expédiées, après grillage, à l'usine de Wittkowitz.

Enfin un gisement, le plus important de tous, qui commence à *Vayda-Hunyad*, passe à *Gyalar* et finit à *Ruzka*, à la frontière de Transsylvanie ; il comprend les exploitations de *Teleck*, *Gyalar* et, dans le Banat, celles de *Moravitza*, *Dognaska* et *Tyrnova*.

La production de ces divers minerais, d'une teneur moyenne de 46 p. 100, donne annuellement 950.000ᵀ, dont un tiers environ est expédié en Moravie et en Silésie. Le surplus est traité dans les hauts-fourneaux du pays et donne 300.000ᵀ de fonte.

D'après une statistique datant de quelques années, et qui est probablement un peu au-dessous de la vérité actuelle, le comitat de *Gömor* comptait 26 hauts-fourneaux, produisant annuellement 155.000ᵀ de fonte ; les plus importants étaient ceux de l'usine de *Licker*, qui donnaient, à eux seuls, 80.000ᵀ.

Le comitat de *Zipps* comptait 7 hauts-fourneaux, donnant 20.000ᵀ.

Le comitat de *Krasso-Szozény* comptait 11 hauts-fourneaux, donnant 80.000ᵀ ; les plus importants étaient ceux de *Recicza* et *d'Anina*.

Le comitat *d'Hunjad* comptait 7 hauts-fourneaux, produisant 30.000ᵀ.

Soit, au total, 51 hauts-fourneaux, donnant 285.000ᵀ.

Au point de vue de la possession, les diverses mines houillères et métalliques, et les établissements métallurgiques, appartiennent :

A) A l'État hongrois ;

B) A la Société austro-hongroise privilégiée des chemins de fer de l'État ;

C) A la Société *Salgo-Tarjan-Rima-Mourany* ;

D) A des particuliers, tels que le comte Andréassy, qui possède, dans la région du nord, les mines et usines de *Dernö* et de *Better.*

A) Les mines et usines dépendant de l'État hongrois, sont :

a) Les mines et usines ressortissant aux ministères des finances ou des travaux publics : Mines de Dobschau, Gyalar, Libet-Banya, Rosenau, Rudö-Banya, Theissholz, Vasghézy ; les salines de Ronask, Sugatagh, Szlatina ; les usines de Brézova, Rhoniez, Dios-Gyor, Felsö-Banya, Fernezy, Käpnick-Banya, Kudsir, Libet-Banya, Piészog, Prakendorf, Quatimech, Recicza, Strimbuly, Theissholz, Vayda-Hunyad, Waiskova ;

b) La Société houillère et métallurgique de *Kronstadt*, qui possède les mines de lignite de Pétroszény ; les mines de fer de Teleck, de Ruzka ; les usines de Kalan, Ruzkitza, Ferdinandsberg ;

c) La Société métallurgique de *Nadrag.*

B) Les mines et usines, appartenant à la Société austro-hongroise privilégiée des chemins de fer de l'État, sont situées dans le Banat, dont il sera parlé plus loin ;

C) Les propriétés de la Société *Salgo-Tarjan-Rima-Mourany*, sont : Les mines de Salgo-Tarjan, en partie exploitées par l'État ; les lignites de la vallée de la Rima ; la plus grande partie de la mine de Vasghézy ; les usines de Licker, Nadasd, Nyustya, Ozdt et Röcze.

BANAT

Le Banat est situé au sud-est de la Hongrie, entre la Maros au nord, la Theiss à l'ouest, le bas Danube au sud et la Transsylvanie à l'est. Il a une superficie de 130.000 hectares, dont 90.000 sont couverts de forêts.

Sa population est d'environ 130.000 habitants ; elle est composée de Serbes, Roumains, Magyares, Bulgares et Allemands. Le pays est très fertile et très riche en mines qui ont motivé la création de nombreuses usines.

Le Banat appartient aujourd'hui, par suite de vente faite par l'État en 1855, à la Société austro-hongroise privilégiée des chemins de fer de l'État.

Cette Société y possède les houillères de Székuhl, Doman, Steyerdorf ; les mines de fer de Moravitza, Dognaska, Tyrnova ; les minerais de manganèse de Moldava, Szaska ; les usines de Recicza, Bogsau, Anina.

Ses mines, ses usines et l'exploitation de ses immenses forêts, ont produit, en 1891 :

386.000^T de houille.
93.300   de minerai de fer.
75.000   de fontes diverses.
50.000   de fers laminés.
60.000   d'aciers divers.
10.000   de pièces de construction
48.000.000 d'hectolitres de charbon de bois.

La nomenclature qui suit, comprend les principales mines et usines de la Hongrie et du Banat.

Mines de houille et de lignite.

Doman : Houillère de Staatsbahn-Gesellschaft, donnant 75.000^T qui sont consommées à l'usine de Recicza.

Eibenthal : Mine de houille anthraciteuse, reliée à la rive gauche du Danube par une petite voie ferrée débouchant de la vallée de Tizcovicza, à 17 kilomètres en amont d'Orsova.

Fünfkirchen : Petit bassin houiller de la Hongrie, donnant 500.000^T.

Pétroszény : Mine de lignite, donnant 400.000^T, à la Société minière de Kronstadt.

Salgo-Tarjan : Exploitation de lignite, appartenant à la Société minière et métallurgique *Salgo-Tarjan-Rima-Mourany,* fondée en 1881, au capital de 20 millions de francs.

Steyerdorf : Mine importante de houille qui a 8 puits d'extraction et donne 300.000^T.

Székuhl : Houillère de la Staatsbahn-Gesellschaft, donnant plus de 60.000^T.

Triffail : Mine de lignite, à la Société de Triffail, donnant plus de 400.000^T. La même Société possède d'autres exploitations à *Gottschée* (Carniole), et à *Kropina* (Croatie).

Anina : Mine très grisouteuse, donnant 250.000^T, elle possède 1 laverie, 1 usine à coke, et appartient à la Staatsbahn-Gesellschaft.

Principales mines de fer.

Dernö : Mine de fer du nord de la Hongrie, appartenant au comte Andréassy et donnant 6.000^T.

Dobschau : Riche mine de fer, alimentant les hauts-fourneaux de la Moravie et de la Silésie.

Dognaska : Mine de fer, appartenant à la Staatsbahn-Gesellschaft, et alimentant en partie son usine de Recicza.

Libet-Banya : Mine de fer du nord de la Hongrie, alimentant l'usine du même nom.

Moravitza : Mine de fer, à 30 kilomètres à l'ouest de Recicza ; elle donne annuellement 120.000^T de fer magnétique très pur ; elle alimente l'usine voisine de *Bogsau ;* elle occupe 900 ouvriers, et appartient à la Société des chemins de fer hongrois.

Oravicza : Mine de fer (hématite brune), alimentant l'usine d'Anina.

Rudö Banya : Mine très importante, appartenant à l'État.

Ruzka : Mine de fer, appartenant à la Société minière et métallurgique de *Kronstadt.*

Steyerdorf : Mine de fer, alimentant l'usine d'Anina.

Teleck : Mine importante, dont les minerais, après grillage à l'usine de *Rudöbanya,* sont envoyés à l'aciérie de Wittkowitz.

Tyrnora : Mine de fer, appartenant à la Société des chemins de fer de l'État.

Vasghézy : Très importante mine d'hématite brune, à la Société de Salgo-Tarjan. Elle produit 100.000^T, et alimente l'usine de Licker.

23

Autres mines métalliques.

Botza : Mine d'antimoine.

Dobsina : Mine de nickel.

Felsö-Banya : Mine d'antimoine.

Dübnich : Mine d'opale, appartenant à l'État et louée à MM. Egger, joailliers à Vienne et à Pesth. Elle occupe 150 ouvriers et donne 50 mètres cubes par jour.

Maros : Société minière récemment formée, au capital de 1.250.000 francs.

Mitterberg : Mine de cuivre.

Moldava : Mine de manganèse, appartenant à la Société des chemins de fer de l'État hongrois.

Nagi-Banya : District aurifère, près de la frontière de Trannsylvanie. Ses minerais auro-argentifères sont traités aux usines de Fernezy, Käpnick, Olapos-Banya et Strimbuly.

Schemnitz : Mines de cuivre, d'or et d'argent. Les minerais d'argent produisent 8.000 kilogrammes de métal.

Szazka : Mine de manganèse, à la Staatsbahn-Geselfschaft.

Salines : Marmaros, Szlatina, Sugatagh et autres de moindre importance, donnant 160.000^T de sel.

Principaux établissements métallurgiques.

Anina : Usine appartenant à la Société privilégiée des chemins de fer de l'État. Elle a été construite de 1859 à 1861, pour le traitement des minerais de fer de Dognaska, Oravicza, Rudaria et Steyerdorf.

Elle comprend : 2 hauts-fourneaux, 1 atelier de puddlage, 1 fonderie avec atelier d'émaillage, des laminoirs.

L'atelier de puddlage et de laminage ne s'occupe plus de la fabrication des rails, qui a été transféré à Recicza ; il fabrique seulement des barres, poutrelles, fers en **U**, des écluses, des plaques de support pour rails, et donne 12.000^T.

L'atelier d'émaillage, qui est en marche depuis 1888, peut donner 400^T de fonte émaillée.

Better : Petite usine, appartenant, ainsi que les mines de fer environnantes, au comte Andréassy ; elle produit annuellement 25.000^T de fonte.

Brézova : Usine à fer de l'État hongrois ; elle emploie les fontes de Vayda-Hunyad et de Rhoniez. Elle comprend : 9 fours à puddler, 10 fours à réchauffer, des trains de laminoirs pour fers et pour tôles, des ateliers de fabrication de tubes de chaudières.

Elle a aussi un four Martin, mais ne produit que peu d'acier, 1.000^T environ.

Dernö : Usine dans le nord de la Hongrie, appartenant au comte Andréassy, et produisant 4.000^T de fonte.

Deutch-Bogsau : Petite usine, alimentée par la mine voisine de Moravitza ; elle donne 6.000^T de fonte.

Dios-Gyor : Usine de l'État ; elle comprend : 1 haut-fourneau, 1 atelier Bessemer, 2 fours

Martin, des ateliers de puddlage et de laminage, 1 fonderie, 1 fabrique de clous, vis et écrous, 1 atelier de construction, 1 briqueterie.

Elle est reliée par un petit chemin de fer de 10 kilomètres à une mine de lignite qui lui fournit 100.000ᵀ. Elle produit 25.000ᵀ d'acier Bessemer, 32.000ᵀ d'acier Martin, 1.100ᵀ de tôles pour ponts, 1.600.000 briques.

Ses aciers, assez médiocres, sont exclusivement employés pour les rails.

Felsö-Tanya : Usine à cuivre, qui traite les mattes désargentifiées aux usines de Fernezy et d'Olapos-Banya, et les vieux cuivres et pyrites apportés par les étrangers. Elle donne une production variant de 300 à 400ᵀ.

Ferdinandsberg : Usine à fer, faisant partie du domaine de la Société minière et métallurgique de Kronstadt.

Fernezy : Usine à cuivre, à or et à argent; elle a donné, récemment, 190 kilogrammes d'or, 3.600 kilogrammes d'argent, 400ᵀ de cuivre, 5.560ᵀ de plomb et 1.300ᵀ de litharge, au traitement par voie sèche.

Elle possède aussi 1 atelier de traitement par amalgamation de minerais d'argent ne contenant pas d'or, et peu de cuivre ou de plomb ; on y traite annuellement 2.000ᵀ de minerai, et l'argent qui en provient est envoyé à la Monnaie.

Fondenberg : Usine à fer, appartenant à la Société privilégiée des chemins de fer de l'État. Elle comprend : 2 hauts-fourneaux au bois et 2 au coke, traitant les minerais d'Eisenerz.

Kalan : Usine située entre Piski et Petrozzény, appartenant à la Société minière et métallurgique de Kronstadt.

Elle comprend : 2 hauts-fourneaux, 4 cubilots, 4 fours doubles de puddlage, des laminoirs.

Käpnick-Banya : Usine à plomb, à or et à argent, appartenant à l'État, dans le district aurifère de Nagi-Banya. Elle traite les minerais de ses mines et les concentrés apportés par des particuliers auxquels ils sont achetés.

Elle produit, en moyenne : 60 kilogrammes d'or, 1.600 kilogrammes d'argent, 260ᵀ de plomb et 15ᵀ de cuivre.

Krombach : Hauts-fourneaux dans le comitat de Zipps, appartenant à l'Œst.-Alp.-Mountan-Gesellschaft.

Kudsir : Usine de l'État, située entre Karlsbourg et Piski. Elle comprend 2 fours doubles et 1 four simple à puddler ; elle traite les fontes de *Vayda-Hunyad*, avec lesquelles elle fabrique d'excellents aciers.

Elle produit : 2.400ᵀ de fers marchands, 300ᵀ d'acier puddlé, 200ᵀ d'acier au creuset, 60.000 faux.

Libet-Banya : Groupe de 2 hauts-fourneaux, appartenant à l'État et fournissant ses fontes à l'usine de Brézova.

Licker : Usine installée en 1885, sur les rives de la Rima, et appartenant à la Société de *Salgo-Tarjan-Rima-Mourany*.

Elle comprend : 2 hauts-fourneaux, l'un marchant au coke venant d'Ostrau ; l'autre au coke et au bois.

Elle tire ses minerais de la mine de *Vasghézy* qui appartient, en partie, à la même Société ; elle produit 80.000^T de fonte.

Neuberg : Usine appartenant à l'Œst.-Alp.-Mountan-Gesellschaft.

Elle comprend : 2 hauts-fourneaux au bois traitant les minerais d'Altemberg et d'Eisenerz, 1 aciérie de 2 convertisseurs Bessemer et 4 fours Martin, des laminoirs.

Elle produit 15.000^T d'acier et occupe 1.200 ouvriers.

Ozdt : Usine à fer, traitant 24.000^T de fonte et produisant des fers marchands ; elle tire ses lignites de la vallée de la Rima.

Pickling : Aciérie, appartenant à l'Œst.-Alp.-Mountan-Gesellschaft, et consommant les lignites de *Köflack.*

Piészog : Petite usine à fer de l'État, donnant 1.500^T de fers eu barres.

Quatimech : Petite usine de l'État, donnant 800^T de tôles fines.

Recicza : Grande aciérie, appartenant à la Société privilégiée des chemins de fer de l'État.

Elle comprend : 1 haut-fourneau au coke, 3 au bois, 4 convertisseurs Bessemer, 6 fours Martin, 1 fonderie d'acier au creuset, 1 atelier de puddlage de 9 fours, des laminoirs pour rails, fers profilés et tôles, 1 atelier de construction, 1 fabrique de produits réfractaires.

Elle a produit 42.000^T d'acier en 1892.

Rhoniez : Usine de l'État, pour la fabrication spéciale des fontes moulées, dont elle produit 800^T.

Poterie d'étain, fers du commerce, tôles, tuyaux, émailleries.

Elle fournit des fontes à l'usine de Brézova.

Röcze : Groupe de 4 hauts-fourneaux, à la Société de Salgo-Tarjan.

Ruzkitza : Usine à fer, à la Société minière et métallurgique de Kronstadt.

Schmolnitz : Forges et fonderies dans le comitat de Zipps.

Strimbuly : Usine aux confins de la Hongrie et de la Trannsylvanie, traitant les minerais auro-argentifères du district de Nagi-Banya.

Vayda-Hunyad : Usine de l'État, comprenant 2 hauts-fourneaux au charbon de bois et traitant les minerais de *Gyalar,* excellents et très purs. La production annuelle atteint 20.000^T de fonte, consommées par les usines de Brezova et de Kudsir.

Zelltweg : Usine appartenant à l'Œst.-Alt.-Mountan-Gesellschaft.

TRANNSYLVANIE

La Trannsylvanie forme un bassin élevé, limité de tous côtés par de hautes montagnes et formant au sud-est de l'Empire austro-hongrois, le pendant de la Bohême au nord-ouest. Toutefois, sa ceinture est moins fermée et se laisse traverser par plusieurs cours d'eau, dont le plus important est la *Maros,* affluent de la Theiss, à Szegedin.

Ce bassin, limité à l'est et au sud par les Karpathes, a une superficie de 3.430.000 hectares. Il renferme de nombreuses mines métalliques, telles que celles de *Zalathna*, *Veres-patack*, *Abrud-Banya*, *Nagjag*, dans la partie montagneuse, tandis que les couches tertiaires des plaines renferment des dépôts considérables de sel gemme.

Les gîtes les plus importants, sont ceux de *Parajd*, *Desakna*, *Thorda*, *Maros-Nivar*, *Vysakna*.

La région aurifère est divisée en 5 districts, dans lesquels les mines sont réparties ainsi qu'il suit, d'après une statistique récente :

1° Abrud-Banya, Varespatack........	190 mines,	3.400 ouvriers.
2° Bucsum, Zalathna............	75 —	1.200 —
3° Boitza.................	20 —	160 —
4° Hunyad	60 —	1.330 —
5° Körös-Banya..............	40 —	859 —

La surveillance des mines exercée par l'État, est confiée à la capitainerie des mines, qui a son siège à Zalathna ; l'un des deux commissaires de cette surveillance, réside à Abrud-Banya, l'autre à Zalathna.

Les mines sont exploitées par l'État, par des Sociétés de propriétaires (Geselschaften), ou par des Sociétés de mineurs eux-mêmes (Gewerckschaften).

La mine de *Verespatack*, exploitée par l'État, ne rapporte pas ce qu'elle coûte, et l'exploitation n'en est continuée que pour donner du travail à une population très pauvre sur un sol stérile.

La mine de *Nagjag*, est divisée en 128 parts, dont 66 à la famille royale ; l'administration en appartient aux Domaines. Elle occupe 675 ouvriers et produit plus de 150 kilogrammes d'or, 200 kilogrammes d'argent et du cuivre, de telle sorte qu'elle laisse un bénéfice de plus de 200.000 francs.

Doszului : Mine de mercure ancienne, abandonnée et reprise maintenant par une Société française ; elle est située dans la vallée de Zalathna, à 10 kilomètres au nord-ouest de la ville. La Société française des mines de mercure de Zalathna, vient d'y faire construire une petite usine.

Olapos-Banya : Mine d'or et d'argent, à 12 kilomètres de Nagi-Banya ; elle est exploitée par une Compagnie française, donne 1.000ᵀ de minerai et occupe 120 ouvriers.

Verespatack : Mine aurifère des Karpathes : les minerais sont apportés par un chemin de fer de 3 kilomètres, à l'usine voisine de *Gora-Rozi*.

Vultkoy : Mine d'or et de cuivre.

Principaux établissements métallurgiques.

Gora-Rozi : Usine traitant les minerais de la mine voisine *Verespatack*.

Hunyad : Groupe de plusieurs usines, traitant les minerais des environs.

Nagjag : Usine à or et à argent, administrée par l'État, et produisant pour plus de 1 million d'or, d'argent et de cuivre.

Olapos-Banya : Usine traitant les minerais aurifères de la mine de ce nom, et une partie de ceux du district de Nagi-Banya.

Zalathna : Usine de l'État qui, sans bénéfice et sans perte, opère pour les particuliers, le traitement des minerais aurifères qu'ils lui apportent. Elle peut produire annuellement 500 kilomètres d'or et 500 kilogrammes d'argent.

La production de la Transleithanie, pour 1891, est résumée ci-après :

$$2.249.098^T \text{ de lignite.}$$
$$994.812 \text{ de houille.}$$
$$953.809 \text{ de minerai de fer.}$$
$$299.107 \text{ de fonte.}$$
$$90.500 \text{ de minerai de plomb.}$$
$$1.300 \text{ de plomb métal.}$$
$$2.900 \text{ de minerai de cuivre.}$$
$$280 \text{ de cuivre métal.}$$
$$220 \text{ de minerai d'antimoine.}$$
$$1.450 \text{ de manganèse.}$$
$$4.000 \text{ de minerai d'or.}$$
$$2.131^{kg} \text{ d'or,}$$
$$7.100 \text{ de minerai d'argent.}$$
$$17.049^{kg} \text{ d'argent.}$$
$$159.912^T \text{ de sel gemme.}$$

Il y avait 20.200 ouvriers occupés aux mines de charbon, 19.000 aux mines métalliques, 12.300 aux diverses usines.

ITALIE

ITALIE

Au point de vue administratif, le royaume d'Italie est actuellement divisé en 73 provinces, groupées en 16 régions.

Au point de vue spécial de l'industrie minière et métallurgique, les provinces d'Italie, à l'exception des quatre provinces romaines (Civita-Vecchia, Frosinone, Velletri et Viterbe), sont réparties, au nombre de 69, en 10 districts miniers, qui sont du nord au sud :

DISTRICTS	PROVINCES QU'ILS COMPRENNENT
Gênes.	Gênes, Port-Maurice.
Turin	Alexandrie, Cunéo, Novare, Turin.
Milan	Bergame, Brescia, Crémone, Côme, Milan, Parme, Pavie, Plaisance, Sondrio.
Vicence	Bellune, Ferrare, Mantoue, Padoue, Rovigo, Trévise, Udine, Venise, Vérone, Vicence.
Bologne	Ancone, Ascoli, Bologne, Forli, Macerata, Modène, Pesaro, Ravenne, Reggio (d'Émilie).
Florence	Arezzo, Florence, Grosseto, Livourne, Lucques, Massa et Carrare, Pise, Sienne.
Rome	Aquila, Chieti, Pérouse, Rome, Térano.
Naples	Avellino, Bari, Bénévent, Campo Basso, Caserte, Catanzaro, Cosenza, Foggia, Lecce, Naples, Potenza, Reggio (Calabre), Salerne.
Caltanissetta	Caltanissetta, Catane, Girgenti, Messine, Palerme, Syracuse, Trapani.
Iglésias	Cagliari, Sassari.

D'après le mode adopté par la *Revista del servizio minerario*, un tableau spécial pour chaque district minier fera connaître la statistique minérale et métallurgique de ce district pour 1892.

DISTRICT DE GÊNES

NATURE	NOMBRE		PRODUCTION	NOMBRE		PRODUCTION
	DE MINES	D'OUVRIERS		D'USINES	D'OUVRIERS	
Fer.	"	"	"	5	2.070	32 500ᵀ
Acier	"	"	"			23.370
Plomb.	"	"	"	1	816	22.000
Minerai de cuivre	3	208	9.483ᵀ	"	"	"
Métal { de cuivre	"	"	"	5	363	706
{ d'argent	"	"	"	"	"	43.000ᵏᵍ
{ d'or	"	"	"	"	"	155
Minerai de manganèse.	1	34	441	"	"	"
Pyrite de fer.	"	"	5.136	"	"	"
Combustible (agglomérés)	"	"	"	3	75	36 200
Gaz, coke, produits secondaires	"	"	"	14	277	"
Totaux	4	242		28	3.601	

24

Le minerai de cuivre et les pyrites de fer ont été données par la mine de *Libiola*.

Le minerai de manganèse vient de la mine *Gambatezza*. Le fer et l'acier ont été produit par les usines de *Bolzaneto, Savone, Voltri, Pra, Sestri-Ponente*.

Le cuivre vient des fonderies et usines de *Borganosco, Gênes, Cornigliano*.

Le plomb, l'argent et l'or viennent de l'usine de *Pertuzola*.

Les agglomérés ont été fabriqués aux usines de *la Spezia* et de *Rivarolo*.

Pertuzola : Cette usine à plomb et à argent, située sur le rivage oriental du golfe de la Spezia, a été fondée en 1858, et appartient à la Société *Henfrey et Cⁱᵉ*. Elle traite les minerais de Sardaigne et quelque peu aussi ceux venant de Carthagène. Le combustible lui est fourni par l'Angleterre et par une petite mine voisine qui appartient à la Société.

L'usine comprend : 34 fours à réverbère, 5 fours de coupellation et a donné, en 1891, 18.500ᵀ de plomb et 37.000 kilogrammes d'argent, production inférieure à celle de 1892 donnée au tableau précédent.

DISTRICT DE TURIN

NATURE	NOMBRE		PRODUCTION	NOMBRE		PRODUCTION
	DE MINES	D'OUVRIERS		D'USINES	D'OUVRIERS	
Minerai de fer.	1	16	1.000ᵀ	»	»	»
— de plomb	2	37	20	»	»	»
— de cuivre	1	15	47	1	150	775ᵀ
— d'or	17	348	6.612	4	92	175ᵏᵍ
— de manganèse. . . .	1	12	2	»	»	»
Pyrite de fer	2	484	22.084	»	»	»
Combustible	4	34	1.361	»	»	»
Graphite.	5	43	1.645	»	»	»
Fonte	»	»	»	1	6	480
Fer et acier.	»	»	»	6	478	7.997
Agglomérés.	»	»	»	1	250	210.000
Gaz, coke.	»	»	»	29	824	»
	33	989		42	1.800	

La province de *Novare* a produit, en grande partie, les minerais de fer, de plomb, de cuivre, de manganèse (mine de Saint-Marcel), les pyrites et le combustible.

La province d'*Alexandrie* a produit un peu de minerai d'or.

La province de *Cunéo* a donné un peu de combustible et de plomb argentifère.

Les principales mines d'or sont : *Pastarena, Cani* et *Val-Troppa*, dans la vallée Anzasca, sur les pentes orientales du mont Rosa.

La fonte a été donnée par l'usine de *Villa-d'Ossola*, dans la province de Novare.

Le fer et l'acier ont été donnés par les usines de *Saint-Michel* (province de Cunéo), de *Villa-d'Ossola* (Novare), et de *Pont-Saint-Martin, San-Martino, Suze*, dans la province de Turin.

L'or a été produit par les usines de *Casallegio, Macugnaga, Vanzone* et *Fomarco*.

Le cuivre vient des usines de *Donnaz* et *Pont-Saint-Martin*.

Les agglomérés ont été fabriqués à *Novi*.

Pont-Saint-Martin : Cette usine à cuivre, située dans la vallée d'Aoste, traite les minerais pauvres des environs et les cuivres noirs argentifères du Chili, contenant 90 p. 100 de cuivre et 1 p. 100 d'argent. Les minerais pauvres, dont la teneur ne dépasse pas 6 p. 100, sont extraits des mines de *Traverselle, Alagna* et *Champ-de-Praz*.

Le raffinage des cuivres noirs s'effectue par la méthode électrolytique et donne un cuivre d'une grande conductibilité très recherché pour la fabrication des fils téléphoniques et qui, par cela même, a une plus-value de 120 à 150 francs par tonne.

DISTRICT DE MILAN

NATURE	NOMBRE		PRODUCTION	NOMBRE		PRODUCTION
	DE MINES	D'OUVRIERS		D'USINES	D'OUVRIERS	
Combustible.	2	25	2.000ᵀ	»	»	»
Minerai de fer	34	584	18.806	»	»	»
Fonte.	»	»	»	5	64	7.828
Fer.	»	»	»	261	3.289	33.930
Acier	»	»	»			5.272
Minerai de plomb	3	172	1.591	»	»	»
— de cuivre	1	2	»	»	»	»
— de zinc	16	980	11.483	»	»	»
— de mercure	1	3	»	»	»	»
Mine de pétrole	6	267	2.384	3	43	1.503
Eau minérale.	1	8	2.234	»	»	»
Sel de source.	1	22	600	»	»	»
Soufre.	»	»	»	1	4	210
Agglomérés.	»	»	»	7	60	4.000
Alun et sulfate d'alumine. . . .	»	»	»	3	21	1.600
Gaz, coke.	»	»	»	36	918	»
	65	2.063		316	4.399	

Le district de Milan compte en plus 17 tourbières occupant 433 ouvriers et produisant 11.750ᵀ de tourbe.

Le minerai *de fer* a été donné par les mines de *Gaviera, Gabar, Ribasso-Romita, Costa*.

Le minerai *de plomb* sort de la mine de *Lanzini*.

Le minerai de *zinc* a presque entièrement été fourni par *the English Crown Spelter company limited* et tiré de ses mines de *Costajets, Trevasio, Capedozio*.

Le pétrole vient de la mine de *Véléja*.

La fonte a été produite par les hauts-fourneaux de *Castro, Azzone, Pizogne* et *Cinimo*.

Le fer et l'acier ont été produit par les usines et aciéries d'*Ardesio, Castro, Tavernole, Carcina, Vobarno, Lecco, Valsanina* et *Dongo*.

Le soufre a été raffiné par l'usine de Sondrio; le pétrole, par les raffineries de *Milan, Fuerenzuola, Borgo-San-Donnino*.

Les agglomérés ont été fabriqués dans deux usines, à Milan, avec du charbon de Cardiff.

Dongo : Usine à fer située à Milan. Elle comprend : 4 fours à puddler, 1 fonderie de fer et d'acier Robert, des laminoirs.

Glizenti : Usine, située à Brescia, s'alimentant avec les fontes de *Tavernole*, produites avec les minerais voisins. Il y a aussi à Brescia les aciéries *Villa* et *Carcina*.

DISTRICT DE VICENCE

NATURE	NOMBRE		PRODUCTION	NOMBRE		PRODUCTION
	DE MINES	D'OUVRIERS		D'USINES	D'OUVRIERS	
Combustible............	8	340	17.751^T	»	»	»
Fer................	»	»	»	7	419	6.380^T
Acier...............	»	»	»			380
Minerai de plomb et zinc....	2	215	2.124	»	»	108
— de cuivre........	1	160	8.248	1	75	»
Soufre raffiné...........	»	»	»	11	124	15.690
Agglomérés...........	»	»	»	2	70	100.300
Pétrole raffiné..........	»	»	»	1	17	54
Alun et sulfate d'alumine....	»	»	»	1	6	1.000
Gaz, coke............	»	»	»	9	227	»
Salines.............	»	»	»	2	283	22.263
	11	715		34	1.221	

Le district de Vicence compte, en outre, 16 tourbières occupant 637 ouvriers et donnant 14.224^T de tourbe.

Le combustible a été donné par les mines de *Pulli* et *Rosa*.

Le minerai de zinc (2.068^T) et de plomb (56^T) vient de la mine de l'*Argentiera*, dans la province de Bellune.

Les pyrites de fer cuivreuses (8.248^T) ont été extraites de la mine d'*Agordo*.

Le fer et l'acier ont été produit par 2 usines dans la province d'Udine, et 5 usines dans la province de Bellune.

Le cuivre a été produit par l'usine *Val-Impériana*.

Le soufre raffiné vient des mines de *Venise, Vérone, Azzignano* et *Braganze*.

Les agglomérés ont été fabriqués aux usines de *Venise* et *Altavilla*.

On compte aussi, dans ce district, les usines de produits chimiques de *Vicence, Piazzola* et *Mira*.

DISTRICT DE BOLOGNE

NATURE	NOMBRE		PRODUCTION	NOMBRE		PRODUCTION
	DE MINES	D'OUVRIERS		D'USINES	D'OUVRIERS	
Soufre.	24	2.785	21.399ᵀ	19	387	35.895ᵀ
Fer et acier.	»	»	»	3	28	187
Agglomérés.	»	»	»	2	50	79.019
Gaz, coke.	»	»	»	14	181	»
Salines	»	»	»	1	65	16.426
	24	2.785		39	711	

Le soufre vient des provinces d'*Ancône, Forli, Pesaro*.

Le soufre raffiné a été donné par les usines de *Cesena, Borello, Rimini, Pesaro, Bollizia, Ravenne*.

Le fer a été élaboré dans les petites usines de *Campane* et de *Panigale*.

Les agglomérés ont été fabriqués aux usines d'*Ancône* et de *Bologne*.

DISTRICT DE FLORENCE

NATURE	NOMBRE		PRODUCTION	NOMBRE		PRODUCTION
	DE MINES	D'OUVRIERS		D'USINES	D'OUVRIERS	
Combustible	17	1.136	182.455ᵀ	»	»	»
Minerai de fer	6	1.250	186.681	»	»	»
Fonte.	»	»	»	1	145	4.421
Fer et acier.	»	»	»	25	1.838	29.458
Tôles étamées	»	»	»	1	109	320
Minerai de plomb	7	113	139	»	»	»
— de cuivre	8	1.934	84.634	6	510	3.092
Pyrite de fer.	1	6	450	»	»	»
Minerai de mercure.	10	609	»	3	60	325
— d'antimoine	1	41	167	1	32	315
Manganèse	2	75	4.622	»	»	»
Sel de source.	1	199	7.617	»	»	»
Salines	»	»	»	4	20	3.643
Agglomérés.	»	»	»	1	30	30.000
Acide borique, borax	11	563	2.560	»	»	»
Gaz, coke.	»	»	»	8	213	»
	64	5.856		50	2.957	

Le district de Florence compte, en outre, une tourbière occupant 219 ouvriers et donnant 2.600ᵀ et une fabrique de produits chimiques occupant 75 ouvriers et produisant 10.000ᵀ.

Les pyrites de fer et le manganèse viennent de la province de *Grosseto*.

Le minerai de fer a été produit, ainsi qu'il suit, par les mines de l'*île d'Elbe* : *Rio*, 91.118^T; *Vigueria*, 15.344^T; *Rio-Albano*, 53.254^T; *Terra-Nera*, 3.937^T; *Calamita*, 23.028^T.

Une grande partie de ce minerai, qui a une teneur de 62 p. 100, est vendu en France, en Amérique, en Angleterre.

Le minerai de plomb vient de la province de Lucques. Le minerai de cuivre vient, en grande partie, des mines de *Borchegiano*, *Fenice-Massetana*, *Campanne-Vechie*, *Monte-Catini*.

La Société des mines de *Monte-Catini*, créée en 1888 au capital de 2 millions de francs, a acquis, depuis, la mine de *Borchegiano* et porté son capital à 6 millions de francs.

La mine de *Monte-Catini* produit annuellement 42.000^T de minerai brut donnant, après lavage, 2.400^T de minerai à 26 p. 100 de cuivre.

La mine de *Borchegiano*, distante de 70 kilomètres, ne donne actuellement que 50.000^T de minerai, mais sa production sera doublée avant peu. L'exploitation a donné, en 1891-92, un bénéfice de 430.000 francs.

L'antimoine vient des mines de *Cettigne* et *Bochi*, dans la province de Sienne. L'usine actuelle de *Rosaio* doit être remplacée par une nouvelle usine à Livourne.

Le mercure vient des mines de *Monte-Amiata*, *Siele*, *Cornachina* et *Polfarate*, dans les provinces de Grosseto et de Sienne.

La fonte a été produite par les 2 hauts-fourneaux de *Follonica*; le fer et l'acier ont été élaborés dans 25 usines, dont les plus importantes sont : *Brescia*, *Pistola*, *Stazzena*, *Pietra-Santa*, *Castel-del-Piano*, *Fivizzano*, *Castelnuovo*.

Le cuivre a été produit par les usines *Torretta*, *Limestre*, *Acceza* et *Bochegiano*.

Le mercure sort des usines de *Siele*, *Polfarate*, *Reto* et *Cornachino*. Les agglomérés sont fabriqués à *Livourne*.

DISTRICT DE ROME

NATURE	NOMBRE		PRODUCTION	NOMBRE		PRODUCTION
	DE MINES	D'OUVRIERS		D'USINES	D'OUVRIERS	
Combustible.	3	525	78.354^T	»	»	»
Mine de pétrole.	1	3	164	1	5	16^T
Asphalte et bitume.	8	350	8.530	2	104	7.470
Fer	»	»	»	} 5	} 2.082	4.603 / 27.541
Acier	»	»	»			
Cuivre.	»	»	»	»	»	9
Agglomérés.	»	»	»	2	39	14.500
Alun et sulfate d'alumine	1	72	4.000	1	39	880
Gaz, coke.	»	»	»	6	316	»
Salines	»	»	»	1	69	6.098
Sel gemme.	1	68	129	»	»	»

Le combustible a été fourni par la province de Pérouse; le pétrole, l'asphalte et le bitume viennent des provinces de *Chieti* et de *Rome*; les usines sont à Chieti.

Le fer et l'acier ont été produits par les usines des provinces de Rome et de Pérouse, et notamment par la grande aciérie de *Terni*, qui traite les minerais de l'*île d'Elbe*.

L'aciérie de Terni, créée en 1884, comprend : 2 convertisseurs Bessemer, 5 fours Martin, 5 trains de laminoirs, 1 marteau-pilon de 100ᵗ. Elle produit des plaques de blindage et des rails.

La force motrice de l'usine est donnée par 46 turbines actionnées par les eaux du Velino.

Les salines sont celles du *Corneto-Tarquinia*.

Les agglomérés sont fabriqués dans 2 usines, à *Rome*.

DISTRICT DE NAPLES

NATURE	NOMBRE		PRODUCTION	NOMBRE		PRODUCTION
	DE MINES	D'OUVRIERS		D'USINES	D'OUVRIERS	
Fer et acier	»	»	»	3	221	9.518ᵀ
Cuivre	»	»	»	4	366	1.349
Agglomérés	»	»	»	7	175	138.050
Alun et sulfate d'alumine	»	»	»	2	4	105
Gaz, coke	»	»	»	10	281	»
Soufre	7	885	22.668ᵀ	»	»	»
Sel gemme	1	292	6.434	»	»	»
Salines	»	»	»	5	235	41.154
	8	1.177		37	1.282	

Le district de Naples compte, en outre, 3 fabriques de produits chimiques occupant 53 ouvriers et donnant 3.600ᵗ.

Le fer et l'acier ont été produits par les usines de *Bari*, *Caserte* et *Naples*.

Le cuivre est produit par 3 usines à *Naples*, dont l'une appartient à la Société des chemins de fer de la Méditerranée.

Les agglomérés ont été fabriqués aux usines de *Lecce*, *Naples*, *Brindisi*.

Le sel gemme vient de la carrière de *Lungro*.

DISTRICT DE CALTANISSETTA

NATURE	NOMBRE		PRODUCTION	NOMBRE		PRODUCTION
	DE MINES	D'OUVRIERS		D'USINES	D'OUVRIERS	
Minerai de plomb	2	4	10ᵀ	»	»	»
— de cuivre	2	5	15	»	»	»
— de zinc	6	7	40	»	»	»
— d'or	4	11	30	»	»	»
— de soufre	657	33.171	374.359	21	1.273	130.833ᵀ
Asphalte et bitume	5	320	26.000	1	18	1.800
Sel gemme	17	66	9.370	»	»	»
Gaz, coke	»	»	»	7	133	»
Salines	»	»	»	55	1.320	154.512
	693	33.587		84	2.738	

Le minerai de plomb argentifère vient de la province de *Messine*. Les minerais de cuivre et de zinc en viennent aussi.

Le minerai de soufre est fourni par les provinces de Caltanissetta, 160.107^T; Catane, 49.610^T; Girgenti, 142.417^T; Palerme, 22.225^T. Les raffineries sont à *Alonzo*.

Les principales mines de soufre sont : *Cimicia*, *Gallizi*, *Grotta-Calda*, *Madore*, *Riézi*. Cette dernière, qui appartient à des Espagnols, est exploitée par une Compagnie française et donne 50.000^T.

Le sel gemme est fourni par les provinces de Caltanissetta, 1,590^T; Catane, 725^T; Girgenti, 6.575^T; Palerme, 480^T.

Le sel marin vient des provinces de Syracuse et Trapani. L'asphalte et le bitume viennent de la province de Syracuse, dont les principales mines sont : *Tabuna*, *Mafita*, *Matuazzi*.

On doit citer, dans ce district, la grande usine d'*Oretea*, avec forge, chaudronnerie, clouterie, visserie, et celles moins importantes de *Panhera* et de *Messine*.

DISTRICT D'IGLÉSIAS

| NATURE | NOMBRE | | PRODUCTION | NOMBRE | | PRODUCTION |
	D'USINES	D'OUVRIERS		D'USINES	D'OUVRIERS	
Combustible.	4	235	13.792^T			
Minerai de fer.	1	93	8.000			
— de plomb	66	10.044	32.926			
— de zinc			116.140			
— d'antimoine	4	253	424			
— de manganèse. . . .	2	30	800			
— d'argent.	8	1.165	1.680			
Gaz, coke.	»	»	»	2	47	
Salines	»	»	»	5	600	
	85	11.820		7	647	

Le district d'Iglésias se distingue par l'abondance de ses mines de plomb, dont les principales sont :

La mine de galène argentifère et de calamine de *Monteponi;* les mines analogues de la Société de *San-Giovanni;* les mines de *Malfidano*, *Monte-Vecchio* et *San-Benedetto*.

Les mines de *Malfidano*, exploitées par la Société du même nom, au capital de 12.500.000 francs, produisent à elles seules 60.000^T de minerai et occupent 1.600 ouvriers. Elles donnent de la calamine pure et un peu de calamine plombeuse associée avec de la blende ou de la galène.

Les mines de fer de *Saint-Léon*, abandonnées depuis quelques années, donnaient un minerai excellent, comparable à celui de Suède.

Le minerai d'argent provient de la région argentifère du *Sarrobus*, à l'est de la Sardaigne et au nord de Cagliari.

L'antimoine vient de la mine de *Su-Suergui ;* le manganèse, de *Capo-Rosso.*
La production totale de l'Italie est résumée dans le tableau ci-après :

TABLEAU RÉCAPITULATIF DE LA PRODUCTION DE L'ITALIE EN 1892.

NATURE	NOMBRE		PRODUCTION	NOMBRE		PRODUCTION
	DE MINES	D'OUVRIERS		D'USINES	D'OUVRIERS	
Combustible.	38	2.295	293.713T	»	»	»
Minerai de fer.	42	1 943	214.487	»	»	»
— de manganèse.	6	151	5.865	»	»	»
Fonte.	»	»	0	76	215	12 729T
Fer	»	»	»	315	10.425	124.273
Acier	»	»	»			56.513
Minerai de plomb	82	10.585	36 810	1	816	22.000
— de cuivre	16	2.324	102 427	17	1.464	6.119
— de zinc	22	987	127 663	»	»	»
— d'argent.	8	1.165	1 680	»	»	43.000kg
— d'or.	21	362	6.642	4	92	330kg
— de mercure.	11	612	»	3	60	325T
— d'antimoine.	5	294	592	1	32	315
Pyrite de fer. . .	3	490	27.670	»	»	»
Soufre.	688	36.841	418.420	54	1.788	489 630
Pétrole	7	270	2 548	5	65	1.573
Bitume et asphalte.	13	670	34.530	3	116	9.270
Sel gemme.	19	426	15 633	»	»	»
Sel de source.	2	151	8.217	»	»	»
Eau de source.	1	8	2.214	»	»	»
Graphite	5	43	1.643	»	»	»
Agglomérés.	»	»	»	25	749	575 869
Gaz, coke	»	»	»	141	3.417	»
Alun et sulfate d'alumine	1	72	4.000	7	70	3.480
Sel marin.	»	»	»	73	2.592	385 269
Acide borique, borax.	11	563	2.560	»	»	»
L'Italie entière	1.001	60.252		653	22.010	

Une partie des ouvriers occupés aux mines de zinc figure dans le chiffre de ceux occupés aux mines de plomb.

La totalité de l'argent est produite par l'unique usine de *Pertuzola,* qui produit aussi 155 kilogrammes d'or.

Dans le tableau récapitulatif qui précède, ne sont pas comprises les usines de produits chimiques, verreries, tourbières, carrières de pierres diverses, fours à chaux et à ciment, dont l'ensemble occupe 128.000 ouvriers.

ESPAGNE

ESPAGNE

L'Espagne était autrefois divisée en quinze grandes provinces mais, depuis 1833, elle est divisée en douze grandes capitaineries, comprenant chacune un certain nombre de provinces, au nombre total de 48, y compris les Baléares.

Ces douze capitaineries portent le titre de 12 des anciennes provinces, trois de celles-ci (Grenade, Murcie et Majorque) ayant été supprimées et leur territoire ayant été réparti entre les capitaineries limitrophes.

CAPITAINERIES	PROVINCES	CAPITAINERIES	PROVINCES
Nouvelle-Castille	Ciudad-Real. Cuença. Guadalaxara. Madrid. Tolède.	Estramadure	Badajoz. Cacérès.
		Navarre.	Navarre. Saragosse.
Vieille-Castille	Avila. Burgos. Logroño. Palencia. Santander. Ségovie. Soria.	Andalousie	Albacète. Alméria. Cadix. Cordoue. Grenade. Huelva. Jaën. Malaga. Séville.
Provinces basques	Alava. Biscaye. Guipuzcoa.		
Arragon	Huesca. Terruel.	Léon.	Léon. Salamanque. Valladolid. Zamora.
Catalogne.	Barcelone. Girone. Lérida. Tarragone.	Galice.	Corogne (La). Lugo. Orense. Pontevedra.
Valence	Alicante. Castellon-de-la-Plana. Murcie. Valence.	Asturies.	Oviédo. Baléares.

RICHESSE MINÉRALE

L'Espagne, dont le sol montagneux appartient à des formations si diverses et fut autrefois célèbre par sa richesse minérale, possède bien encore aujourd'hui des mines de tous genres, mais le plus grand nombre en reste inexploité faute de bras, de capitaux et de moyens de transport pour de faciles débouchés.

La plus grande partie des minerais exploités est exportée à l'état brut et les produits de la métallurgie sont généralement insuffisants pour les besoins locaux.

Toutefois, le développement des chemins de fer et l'amélioration de quelques ports ont amené, dans ces dernières années, un accroissement progressif de la production et provoqué l'affluence des capitaux. C'est ainsi que, depuis 1891, il s'est formé, en Angleterre, de nombreuses et puissantes Sociétés pour l'exploitation des minerais d'Espagne.

D'après la *Revista minera y metalurgica* des 1er février et 1er mars 1894, la production minérale et métallurgique de l'Espagne a été la suivante pour les années 1892 et 1893 :

NATURE	1892	1893
Houille.	1.424.000ᵀ	1.532.000ᵀ
Lignite.	37.011	34.109
Minerai de fer	5.405.142	5.497.540
Fonte.	247.330	260.450
Fer.	112.295	121.349
Acier.	56.490	71.200
Pyrite de fer.	222.000	»
Minerai de plomb argentifère.	342.857	309.260
Plomb métal.	175.124	188.500
Minerai de cuivre.	2.049.682	2.164.380
— de zinc.	49.566	51.410
Zinc métal.	6.000	5.925
Minerai d'argent.	4.000	»
Argent métal	55.500ᵏᵍ	59.800ᵏᵍ
Minerai de mercure.	33.500	33.000
Mercure	1.680	1.670
Antimoine.	570	»
Manganèse.	9.480	»
Soufre.	23.500	29.000
Sel gemme.	27.000	»

Aux 59.800 kilogrammes d'argent produits en Espagne, il faut ajouter, comme rendement de ses mines, 30.000 kilogrammes d'argent extraits, en France, de plomb d'œuvre espagnols.

L'Espagne avait, en 1892-1893, 2.700 mines ou minières occupant 62.000 ouvriers et 132 usines diverses occupant ensemble 18.000 ouvriers.

La *Revista minera y metalurgica* de 1893 donne les renseignements ci-après pour le commerce d'exportation et d'importation, en 1892 :

NATURE	EXPORTATION	IMPORTATION	EXPORTATION EN 1893 (Revista minera du 16 mai 1894)
Houille	14.390^T	1.688.537^T	»
Coke	»	175.872	»
Minerai de fer	4.775.000	»	4.646.877^T
Fonte	43.412	30.000	»
Fer	»	40.170	31.230
Acier	»	31.637	»
Minerai de cuivre.	512.000	»	»
Cascaras.	37.000	»	»
Mattes.	30.000	»	»
Minerai de zinc.	39.500	»	»
Zinc métal	2.160	»	»
Minerai de plomb.	10.613	»	12.048
Plomb d'œuvre.	154.000	»	155.829
Or en barres.	»	7.738^{ks}	»
Argent en barres.	»	96.000^{ks}	»
Or.	1.540^{ks}	»	»
Manganèse	9.000^T	»	»
Mercure.	4.640	»	»
Soufre	»	8.568^T	»

PRODUCTION HOUILLÈRE

Elle est concentrée dans trois régions ou bassins principaux qui sont :

1° La région houillère des Asturies, au nord, dont le centre est l'important bassin de Langreo;

2° Le bassin pyrénéen de Catalogne, au nord-est et à l'est;

3° Le bassin de Belmez et Pennaroya, au sud-ouest.

Le bassin du Nord ou des Asturies qui a produit, en 1893, 989.840^T de houille et 12.750^T de lignite, s'étend sur les provinces d'Oviedo, Palencia et Léon pour les houilles; Guipuzcoa, Santander et Logroño pour les lignites.

La production s'y répartit ainsi qu'il suit, par province :

PROVINCES	HOUILLE	LIGNITE
Oviédo.	810.000	»
Palencia	149.840	»
Léon	30.000	»
Guipuzcoa.	»	11.000^T
Santander.	»	550
Logroño.	»	1.200
	989.840	12.750

La partie centrale de ce bassin, connue sous le nom de bassin de Langreo, renferme plusieurs exploitations dont les plus importantes appartiennent aux Sociétés ci-après :

1° *Fabrica de Miéres*, qui produit 225.000ᵀ dans ses mines de Miéres, Langreo, Quiros, Santo-Firme ;

2° *Hullera Espanola*, au capital de 20 millions de francs, qui produit 145.000ᵀ et possède, à Ujo, des lavoirs, des fours à coke Bernard, 2 fabriques d'agglomérés ;

3° La Société *Hullera y metalurgica*, qui produit 134.000ᵀ et possède des lavoirs et des fours à coke à ses mines de *Sama* et *Maria-Luisa*. Ces concessions auxquelles il faut ajouter celles de *Marquitera*, *Mina-Lafusta* et *Santa-Barbara*, sont réparties sur une surface de plus de 6.000 hectares ;

4° La Compagnie *Royale asturienne* qui produit 42.000ᵀ et consomme, dans son usine à zinc d'*Arnao*, les charbons d'Avilès.

Les exploitations de *Barruelo* et *Orbo*, dans la province de Palencia, produisent 150.000ᵀ.

Celles d'*Emilia*, *Romana*, *Anita*, *Matallana*, dans la province de Léon, donnent 30.000ᵀ.

Celles de *Tras-del-Canto*, à la Compagnie *Herrero-Hermanos*, dans la province d'Oviédo, donnent 70.000ᵀ.

Les houillères du Nord de l'Espagne sont actuellement en grand progrès par suite de l'ouverture de la voie ferrée de Robla à Valmaceda et de l'amélioration du port de Gijon.

L'Espagne comptait, en 1892, 607 mines de houilles, occupant 12.200 ouvriers, et 55 mines de lignite, occupant 540 ouvriers.

Le *bassin pyrénéen* de Catalogne est de beaucoup le moins important ; il ne produit que 34.000ᵀ de houille, venant presque entièrement de la mine *Constancia*, dans la province de Gérone, le surplus venant de la province de Barcelone.

Il produit, en outre, 21.350ᵀ de lignite ainsi réparties :

Provinces de Barcelone	7.000ᵀ	⎫
— de Lérida	4.000	⎪
— de Teruel	750	⎬ 21.350ᵀ
— de Gérone	600	⎪
Les Baléares	9.000	⎭

Le bassin du Sud-Ouest, qui s'étend sur les provinces de Cordoue, Séville, Ciudad-Real, produit 435.000ᵀ de houille ainsi réparties :

Provinces de Cordoue	250.000ᵀ	⎫
— de Séville	106.000	⎬ 435.000ᵀ
— de Ciudad-Real	79.000	⎭

Il comprend le bassin central de *Belmez-Pennaroya*, dont le grand axe s'étend sur une longueur de 70 kilomètres entre Cordoue et Badajoz ; il a une largeur moyenne de 10 kilomètres. Il est traversé par le chemin de fer de Cordoue à Almorchon et est exploité par deux grandes Sociétés, savoir :

1° La Compagnie houillère et métallurgique de *Belmez* qui s'est fusionnée, en 1893, avec la Société minière et métallurgique de *Pennaroya* et qui a produit, en 1893, 136.000ᵀ de houille; elle a des usines à coke à *Santa-Elisa* et une usine d'agglomérés à *Pennaroya*;

2° La Compagnie des chemins de fer andalous qui possède, au centre du bassin, une concession de 3.000 hectares et qui a produit 153.000ᵀ en 1893; elle a des usines à coke et d'agglomérés à *Vega-del-Fresno*.

Les mines principales de ce bassin, dans la province de Cordoue, sont : *Santa-Elisa*, la *Terrible*, *Espéranza*, *San-Miguel*. Le charbon est généralement très bon, la mine de *Santa-Elisa* est grisouteuse.

Les principales mines du petit bassin partiel de la province de Ciudad-Real sont : *Asdrubal*, *Maria-Isabel*, *Puertollano*.

La plus importante de celles de la province de Séville est *Réunion-y-Guadalquivir*, qui appartient à la Compagnie des chemins de fer andalous.

Minerai de fer et usines.

La production du minerai de fer, qui a atteint la quantité de 5.497.540ᵀ en 1893, est presque toute localisée dans la région du nord et notamment dans la Biscaye; elle se répartit, ainsi qu'il suit, pour les années 1892 et 1893 :

PROVINCES	1892	1893
Biscaye	4.200.000	4.600.000
Murcie.	476.376	300.000
Santander	360.000	300.000
Alméria	170.300	115.000
Malaga.	70.000	55.000
Oviédo.	60.000	65.000
Navarre	14.911	13.890
Guipuzcoa.	13.555	18.650
Autres provinces	40.000	30.000
	5.405.142	5.497.540

Ainsi, la province de Biscaye dont la superficie n'est pas 1/200 de celle de l'Espagne, donne, à elle seule, 84 p. 100 du minerai de fer produit par ce pays.

Elle fait, par cela même, un grand commerce d'exportation de minerai, qui a atteint 4.036.000ᵀ en 1893.

Presque toutes les mines de fer exploitées sont concentrées sur le plateau de *Sommorostro*, d'une altitude moyenne de 300 mètres, qui s'étend sur la rive gauche du Nervion, depuis Bilbao jusqu'à la mer.

Le grand développement de l'exploitation de ces mines date de 1850; les principaux minerais sont :

26

Le campanille, à 53 p. 100 de fer et 0,8 p. 100 de manganèse.
Le véra,   à 63   —   1,05   —
Le rubio,   à 55   —   0,58   —

Le minerai est descendu du plateau d'exploitation (300 mètres) à une gare de la vallée (40 mètres) par des plans inclinés et amené ensuite de la gare, par voie ferrée, jusqu'aux quais du Nervion, à Bilbao (6 kilomètres), où il est embarqué sur les bateaux venus de Portugalette en remontant le fleuve.

L'exploitation est faite principalement par deux puissantes Compagnies : la Société Franco-Belge, concessionnaire pour 99 ans, et la Compagnie anglaise de l'*Orconera*.

En 1876, sous les auspices de MM. *Ibarra* frères, banquiers à Bilbao, se constituèrent en syndicat plusieurs Sociétés métallurgiques françaises, belges et anglaises, lesquelles formèrent deux puissantes Compagnies pour l'exploitation jusqu'alors très mal faite des minerais de fer de *Sommorostro*. Ces deux Compagnies sont :

1° La Compagnie Franco-Belge réunissant les Sociétés *Cockerill*, *Denain-Anzin*, *Montataire* et *Ibarra frères*;

2° La Compagnie de l'*Orconera Iron Ore Company Limited*, réunissant *Dowlais-Iron Company*, *Consett Iron Company*, *Krupp et Cie* et *Ibarra frères*.

Les principales mines de fer de la région du nord, après celles de Sommorostro, en Biscaye, sont :

Dans la province d'Oviédo : *Olvidada, Camerana, Ignotable, Llumeres*;
Dans la province de Santander : *Anita, Trinidad, Industria, Franciza*;
Dans la province de Guipuzcoa : *San-Enrique, San-Fernando*;
Dans la province de Navarre : *Vera*.
Celles de la région du sud-est sont :
En Murcie : *El Progresso, Suerte, Bienvenida, San-Timothe, Usurpacion*;
Dans la province d'Alméria : *Bedar, Cuevas, Pulpi, la Fraternidad*;
Dans la province de Malaga : *San-Nicolas, Concepcion*.

En dehors de ces deux régions, on ne peut citer que quelques mines peu importantes dans les provinces de Burgos, Alava, Léon, Lugo et Ciudad-Real, dont l'ensemble donne 30.000^T.

Le minerai a été donné par 418 mines, occupant 12.450 ouvriers.

D'après les indications du journal *Industries and Iron* du 8 décembre 1893, la Compagnie anglaise des mines de fer d'Alméria exploite la nouvelle mine de *Los Banos y Alfaro*, située dans la Sierra-Alhamilla, à 8 milles du port d'Alméria. Elle fournit du minerai *campanille* à 51 p. 100 de fer, à plusieurs usines d'Angleterre pour la fabrication de l'acier Siemens.

Usines à fer.

Altos-Hornos : Importante usine, au confluent du Nervion et du Rio-Galande. Elle date de 1857, possède : 3 hauts-fourneaux de 24 mètres, 1 aciérie de 2 convertisseurs Bessemer, 1 four Martin, 2 halles de laminage, 1 atelier de construction et de réparation.

Elle tire son charbon des Asturies, son coke d'Angleterre, le minerai de Sommorostro, et appartient à MM. Ibarra.

Elle occupe 1.700 ouvriers et produit : 90.333^T de fonte, 49.000^T de fer, 20.000^T d'acier (*Revista minera y metalurgica*).

Decierto : Usine à fer de Biscaye, à 10 kilomètres de Bilbao et 3 kilomètres de la mer. Elle appartient à une Compagnie anglaise. Elle comprend : 2 hauts-fourneaux de 18 mètres pouvant donner 100^T chacun, 2 convertisseurs Bessemer de 10^T, 1 four Martin, 1 atelier de fabrication de rails et 1 fonderie de tuyaux.

Elle emploie les minerais de Sommorostro et les charbons de Newcastle.

Falguoira : Usine à fer des Asturies, à 2 kilomètres de Sama, dans le bassin de Langreo, près de la station de Véga, sur la voie ferrée de Gijon à Sama. Elle appartient à la Société métallurgique *Douro et Cie*. C'est la plus ancienne et la plus renommée du pays.

Elle comprend : 96 fours à coke, 2 hauts-fourneaux de 70^T, 40 fours à puddler, 1 aciérie de 2 fours Martin, des trains de laminoirs à poutrelles et à tôles.

Elle a des exploitations de charbon et des mines de fer à *Camorana* et à *Humerès*, occupant 400 ouvriers et donnant 30.000^T de houille et 15.000^T de minerai de fer, environ 1/3 de sa consommation.

Elle produit annuellement 20.000^T de fer puddlé et 9.000^T d'acier. Elle a installé, en 1892, une fabrique de vis et d'écrous.

Mières-del-Camino : Hauts-fourneaux, forges et ateliers de construction. L'usine est située au nord de Mières, près de la station Albana, du nord-ouest espagnol. Son outillage est très ancien. Elle traite les minerais d'Oviédo et consomme les excellents charbons de la mine voisine *Mariana*. Elle produit 25.000^T de fonte et 14.500^T de fer puddlé.

Moredda et Gijon : Usine de tréfilerie et de pointerie, près de Gijon. Elle achète 7.000^T de fonte à Bilbao, les transforme en fer par puddlage, puis en fils et en pointes. Elle a installé, en 1893, un atelier de construction.

San-Francisco : Usine à fer de 4 hauts-fourneaux, voisine de celle de *Decierto*, sur le Rio-Galande.

Trubia : Usine à canons; elle coule des canons en fonte, des projectiles et fait des canons en acier fretté avec des tubes venant du Creusot et d'Angleterre.

On y a installé récemment des fours Siemens pour la fabrication de l'acier. Elle emploie les excellentes fontes au bois de Rio (Pyrénées-Orientales).

Véra : Usine de Navarre, sur les bords de la Bidassoa, elle produit de la fonte et du fer. Elle comprend : 1 four de grillage, 1 haut-fourneau au bois et 1 forge actionnée par une turbine. Elle traite les hématites brunes des environs.

Viscaya : Usine fondée en 1883, sur les bords du Nervion, et reliée par voie ferrée à Bilbao (11 kilomètres).

Elle consomme des charbons des Asturies, mais surtout ceux d'Angleterre; ses minerais lui sont fournis par la mine de *Galdanes*.

Elle comprend : 4 batteries de 36 fours à coke, 3 hauts-fourneaux, 4 fours Martin, 5 convertisseurs Robert, des laminoirs pour rails, pour fers plats et pour tôles employées pour la fabrication des fers-blancs à l'usine d'Ibéria.

Elle a produit, en 1893, 102.700^T de fonte, 23.254^T de fer et 24.000^T d'acier (*Revista minera y metalurgica*). La *Revista minera*, du 16 mai 1894, donne seulement : 99.127^T de fonte, 4.294^T de fer puddlé, 24.567^T de fer laminé, 16.897^T d'acier Siemens et 10.435^T d'acier Robert.

Minerai de cuivre et usines.

La production du minerai de cuivre est presque exclusivement localisée dans les provinces de Huelva et de Séville, qui donnent plus de 99 p. 100 de la production totale, et ce n'est que pour mémoire que l'on peut citer celle des provinces de Grenade, Santander, Huesca, Oviédo, Jaën et Badajoz.

La production s'est répartie, ainsi qu'il suit, entre les diverses Compagnies d'exploitation :

COMPAGNIES	1892	1893
Compagnie de Rio-Tinto	1.402.063	1.325.080
— de Tharsis	504.706	490.000
— Sotiel Coronada.	82.000	92.000
The Bede Metal Company.	49.913	44.300
La Compagnie du Buitron.	11.000	13.000
	2.049.682	2.164.380

La quantité produite de 2.164.180^T a été extraite de 337 mines en exploitation, dont 300 dans la province de Huelva, 22 dans la province de Séville, 6 dans celle de Santander, 3 dans celle de Huesca, 3 dans celle d'Oviédo, 2 dans celle de Badajoz, 1 dans celle de Grenade.

Ces 337 mines occupaient 12.650 ouvriers.

16 usines, occupant 4.712 ouvriers, ont produit, en 1892, 269^T de cuivre fin, 28.672^T de cascaras, 17.849^T de mattes cuivreuses à 45 p. 100.

Les principales mines de cuivre sont :

Dans la province de Huelva : *Rio-Tinto, Tharsis, la Zarza, Coronada, Lagunaso, San-Telmo, Cabezas-del-Posto, Lajoya, Poderosa, Cueva-de-la-Mora, Confesonarios, San-Domingos;*

Dans la province de Séville : *Sililtos, Caridad, Precioza;*

Dans la province de Grenade : *La Jerez-y-Lenteira;*

Dans la province de Santander : *Desengaño;*

Dans la province de Huesca : *Julia.*

Rio-Tinto : La Compagnie d'exploitation des minerais de Rio-Tinto est constituée au capital de 81.500.000 francs, divisé en 325.000 actions de 250 francs, libérées, valant 371^f,25 au 24 mai 1894. Elle produit 1.325.000^T de minerai, pouvant produire près de 30.000^T de cuivre métal.

Les minerais, d'une teneur inférieure à 3 p. 100, sont traités sur place et coulé en mattes à la fonderie de *Huerta-Romana*. Ceux plus riches sont exportés directement à Philadelphie, en France et en Allemagne.

Ces derniers renferment de 3 à 6 p. 100 de cuivre, 45 à 50 p. 100 de soufre, et forment un total d'environ 500.000^T.

Tharsis : La Compagnie écossaise d'exploitation des minerais de soufre et de cuivre de *Tharsis* a produit 490.000^T de minerai contenant 2 à 3 p. 100 de cuivre. Elle exploite, à ciel ouvert, la mine *Espéranza*.

Les minerais, après un premier traitement, donnent des cascaras contenant 85, 65 et 45 p. 100 de cuivre et qui sont exportées en Angleterre, aux usines de la Compagnie à Glascow, Newcastle, Birmingham et Cardiff.

Lagunaso : Cette mine est exploitée par la Société des mines de cuivre d'*Alosno;* elle est située à 9 kilomètres de Tharsis, à 20 kilomètres de Huelva et desservie par la voie ferrée, à la station de Gibraléou. Elle donne environ 47.000^T de minerai.

San-Domingos : Mine de la province de Huelva, donnant 350.000^T de minerai, exporté presque en entier en Angleterre.

Jerez-y-Lenteira : Cette mine, située dans la province de Grenade, est exploitée par une Compagnie française, au capital de 6 millions de francs; elle est au pied du versant nord de la Sierra-Nevada, à proximité des voies ferrées de Murcie à Grenade et de Linarès à Alméria.

Le minerai riche a une teneur de 10 p. 100. L'exploitation a donné, en 1892, 2.500^T de minerai à 7 p. 100 et 2.400^T de minerai à 2 p. 100. Elle comprend les centres de Jerez et de Lenteira.

La mine de *Lenteira*, qui donne du minerai de cuivre argentifère antimonieux, dont la teneur en argent varie de 1.200 grammes à 3 kilogrammes à la tonne, n'avait guère été, jusqu'en 1891, que soumise à des travaux de recherche.

Las Cabezas : Mine de pyrite de cuivre appartenant à la *Bede metal Company*, de Newcastle; elle a produit, en 1893, 44.300^T de minerai, dont la moitié est exportée en Angleterre; l'autre moitié a donné 500^T de cascaras à 80 p. 100 de cuivre.

Usines à cuivre.

Huerta-Romana : Fonderie de cuivre traitant les minerais de *Rio-Tinto*, et fabrique d'acide sulfurique. Les minerais, préalablement grillés, sont fondus dans des fours à lunette, qui donnent par jour 4^T de mattes d'une teneur de 35 à 40 p. 100.

Tharsis : Usine à cuivre pour le premier traitement des minerais de la mine de ce nom; elle donne des cascaras pour l'exportation.

Il y a en outre, à l'usine de Tharsis, des ateliers de construction et de réparation du matériel, 1 forge à 18 feux, 2 cubilots pour la fonte de deuxième fusion, 1 marteau-pilon, 1 atelier de chaudronnerie.

Mines de plomb et usines.

La production du plomb s'est répartie ainsi qu'il suit, pour les années 1892-1893 :

PROVINCES	1892		1893	
	MINERAI	MÉTAL	MINERAI	MÉTAL
Murcie.	146.186^T	96.024^T	160.000^T	100.500^T
Jaën.	104.100	35.000	97.000	40.000
Alméria.	34.000	18.000	35.000	21.000
Badajoz	30.000	»	48.000	»
Ciudad-Real.	22.000	2.000	23.500	2.500
Guipuzcoa.	1.829	5.500	1.450	5.500
Grenade.	1.675	»	1.600	»
Cordoue.	1.700	18.600	1.500	19.000
Navarre.	812	»	120	»
Baléares.	380	»	310	»
Tolède.	125	»	430	»
Huelva.	130	»	480	»
	342.357	175.124	369.260	188.500

Les principales Sociétés de production sont :

La Compagnie d'*Aguilas*, à Alméria, Mazaron, Badajoz ;

La Compagnie *royale Asturienne;*

La Société *Métallurgique de Mazaron;*

La Société *Escombrera-Bleiberg;*

La Société *Anglaise de Linarès;*

La Société de l'*Horcajo;*

La Compagnie *fermière d'Arrojanès.*

Les mines les plus importantes en exploitation sont :

Province de Murcie : *Mazaron, Fuensata, Triumfo, San-Antonio, San-Miguel, Calatrava, Carmen, Espéranza, Ibéria, Sébastopol, Santa-Anna, San-José, Recuperata;*

Province de Jaën : *Linarès, Coto-la-Luz, La Cruz, Santa-Thérésa;*

Province d'Alméria : *Alméria, Berja, Virgen-del-Carmen, Recompensa, Albaldejo, Santa-Barbara;*

Province de Badajoz : *Azuaga, Berlanga, Castuera, Lhéréna;*

Province de Ciudad-Real : *Almodavar, El-Horcajo, La Romana;*

Province de Cordoue : *Casiano-del-Prado, Mariana, Carolina, Thérésa, Santa-Eufémia;*

Province de Guipuzcoa : *San-Nicolas;*

Province de Grenade : *Santo-Domingo;*

Province de Navarre : *Modesta.*

Mazaron : Sur la côte d'Espagne, depuis Alméria jusqu'à Carthagène, on trouve des gîtes assez considérables de fer et de plomb argentifère.

Le plus important de ces derniers est celui de *Mazaron*, sur les pentes de la Sierra-Almenara; il est composé de galène argentifère, avec un peu d'antimoine, de cuivre, de pyrite de fer et de blende. Le siège le plus important de l'exploitation est la mine *Santa-Anna,* autour de laquelle sont groupées les autres mines de *Fuensata, San-José, Triumfo.* On a constaté des traces d'exploitation romaine dans la première et la dernière de ces mines.

Santa-Anna et *Triumfo* appartiennent à la Compagnie d'Aguilas, qui possède en outre celles de *San-Antonio* et *Recuperata.*

La Compagnie d'Aguilas, fondée en 1881, au capital initial de 15 millions de francs, possède aujourd'hui un capital de 30 millions de francs, représenté par 60.000 actions de 500 fr. Elle possède, outre les mines de plomb argentifère de *Mazaron* et de *Lhéréna,* les minerais manganésifères de *Ciudad-Real,* renfermant 40 p. 100 de manganèse. Quant à ceux de *Lhéréna,* ils ont une teneur moyenne de 73 p. 100 de plomb et de 520 grammes d'argent à la tonne.

D'après la *Revista minera,* l'exploitation des gîtes de Mazaron par la Compagnie d'Aguilas a donné, en 1892, 28.300ᵗ de minerai, ayant produit 15.000ᵀ de plomb métal.

D'après la même *Revue,* on vient de découvrir une mine d'or aux environs d'Aguilas.

Les mines de *Fuensata* et de *San-José* sont exploitées par la Compagnie allemande de Mazaron, qui possède des usines à *Puerto-Mazaron.*

Disons, en passant, que la Sierra de Carthagène renferme aussi des mines de blende et de calamine, exploitées à *Santa-Thérésa, Dichosa, Innocente* et *San-Amiata.*

Linarès : Ce district, de la province de Jaën, renferme des minerais de plomb argentifère très riches, qui passent pour les meilleurs connus; il produit environ 80.000ᵀ par an.

Coto-la-Luz : Mine de plomb argentifère située sur les contreforts de la Sierra-Morena et appartenant à la Société *Escombrera-Bleiberg,* qui a d'importantes fonderies de plomb à Carthagène.

L'exploitation porte sur les filons de la *Gallega, Panazuello* et *Saint-Simon;* le minerai est pauvre en argent et la tonne de plomb d'œuvre n'en contient que 280 grammes.

La Cruz : Mine de galène argentifère, à 5 kilomètres de Linarès, dans la province de Jaën; elle donne un minerai très riche en argent et dont la teneur est de 70 à 75 p. 100 de plomb et de 1 à 8 kilogrammes d'argent à la tonne.

Azuaga : Mine de plomb de la province de Badajoz; d'après les derniers renseignements, elle aurait été fermée en 1892.

Berlanga : Mine de plomb du bassin de Pennaroya; elle fournit les minerais à l'usine à plomb de Pennaroya et appartient à la Compagnie d'Aguilas.

Castuera : Mine de plomb de la province de Badajoz, sur la voie ferrée de Madrid à Badajoz. Elle avait 2 sièges d'exploitation : *Campana* et *Minaflorès,* où se trouvait un atelier de préparation mécanique rendant 2.800ᵀ de minerai lavé vendu aux fonderies de Pennaroya.

Cette mine a été fermée en 1892 par M. d'Eichthal, qui en est le propriétaire.

Lhéréna : Mine de plomb alimentant en partie l'usine de Pennaroya et donnant 73 p. 100 de plomb et 520 grammes d'argent à la tonne. Elle appartient à la Compagnie d'Aguilas.

Casiano-del-Prado : Mine de plomb de la province de Cordoue, appartenant à la Société minière de *Santa-Barbara*, qui en a extrait, en 1892, 41.683^T de minerai d'une teneur moyenne de 50 p. 100 de plomb, 14,35 p. 100 de blende et 625 grammes d'argent à la tonne.

L'atelier de lavage a donné 1.022^T de galène, d'une teneur moyenne de 58,8 p. 100 de plomb, 11,75 p. 100 de zinc et 5 kilogrammes d'argent à la tonne, et 5.783^T de blende à 36,55 p. 100 de zinc, 6,6 p. 100 de plomb et 1^k,135 d'argent, à la tonne.

El-Horcajo : Mines de plomb de la province de Ciudad-Real, à 25 kilomètres de la station de Veredas.

La découverte de gisements plombifères remonte à une quarantaine d'années, et les mines ont été concédées, en 1868, pour une superficie de 485 hectares.

Le minerai consiste en galène à larges facettes et en galène à grain d'acier, riche en argent.

La mine rend environ 15.000^T de minerai utile, contenant 61 p. 100 de plomb et 2.367 grammes d'argent à la tonne ; la tonne de plomb d'œuvre contient 4^k,260 d'argent.

Le minerai, transporté à dos de mulet jusqu'à la gare de Veredas, y est vendu pour Pontgibaud, la Belgique et la Compagnie *royale Asturienne*, qui le traite à son usine de *Renteria*, près d'Irun.

Usines à plomb les plus importantes.

La Cruz : Usine de la province de Jaën ; elle traite 60.000^T de minerai et fabrique, outre le plomb, du blanc de céruse et du plomb de chasse. Elle a produit, en 1892, 15.000^T de plomb et 6.000 kilogrammes d'argent fin.

El-Porvenir : Ancienne usine à plomb de la côte de Carthagène, fermée depuis 1887.

Figueroa : Usine à plomb de la province de Jaën ; elle traite les minerais de *Coto-la-Luz*, de la Compagnie Escombrera-Bleiberg.

Mazaron : La côte de Carthagène avait autrefois de nombreuses usines à plomb, dont les plus importantes étaient celle d'*Aguilas*, fermée depuis 1885, et celles de *Garucha* et *El-Porvenir*, fermées en 1887.

Une nouvelle usine a été installée à *Puerto-Mazaron*, par une Compagnie allemande ; elle comprend 6 grands fours de grillage et deux grands fours Piltz de fusion. Elle traite les minerais de Mazaron, riches en plomb (55 p. 100), de la Sierra de Carthagène, et ceux de Linarès, qui sont pauvres en plomb (5 p. 100), mais contiennent 1.500 grammes d'argent à la tonne. L'usine donne, par jour, 12^T de plomb d'œuvre à 99 p. 100 de plomb et 18 kilogrammes d'argent.

Rentéria : Usine à plomb, près d'Irun ; elle appartient à la Société *Royale Asturienne* et traite, entre autres minerais, ceux de l'*Horcajo*.

Tortilla (La) : Usine à plomb de la Société anglaise *Thomas Sapwith et C*; le minerai, venu de la mine voisine, a une teneur de 50 p. 100; la première fusion se fait dans 10 fours écossais et la seconde fusion dans des fours à cuve. L'usine comprend un atelier d'étirage et laminage de plomb et une fabrique de plomb de chasse.

Le minerai de plomb a été produit, dans son ensemble, par 862 mines ou minières, occupant 16.360 ouvriers.

Le plomb métal a été donné par 37 mines, occupant 2.510 ouvriers.

Mines de zinc et usines.

La production du minerai de zinc, qui a été de 51.410^T en 1892, a été donnée par 148 mines, occupant 1.920 ouvriers.

Elle s'est répartie ainsi qu'il suit, pour les années 1892 et 1893 :

PROVINCES	1892	1893
Santander	31.600^T	28.000^T
Cordoue	5.471	1.000
Murcie	3.317	9.700
Alméria	3.600	3.000
Terruel	1.370	930
Grenade	1.045	1.940
Palencia	718	»
Biscaye	1.702	1.500
Oviédo	600	800
Guipuzcoa	80	1.500
Corogne	63	40
	49.566	51.410

Les principales mines de chaque province sont :

Santander : *Rentéria, San-Bartholome, Almanzora, Rozario;*

Cordoue : *Casiano-del-Prado, Pozadas;*

Murcie : *Santa-Thérésa, Dichosa, Innocente, San-Amiata, Los-Buros;*

Alméria : *San-Christo, Libertad;*

Terruel : *Restauracion;*

Grenade : *San-Manuel, Lazaro, Chilena;*

Palencia : *Esperanza;*

Biscaye : *Augustina, Santa-Lucia, Fraternidad;*

Oviédo : *Avilez;*

Guipuzcoa : *Calavera.*

Usine à zinc.

Arnao : Usine près d'Avilez; les minerais de blende et de calamine qu'elle traite lui viennent de *Picas-de-Europa* et de Santander. Le zinc, après fusion, est raffiné au four à réverbère, réuni en plaques, puis laminé; elle produit 6.000^T.

27

Production de l'argent.

La minime production de minerai d'argent (4.000^T) vient des provinces de Guadalaxara et Alméria.

Dans la première, se trouvent les mines de *Santa-Cathalina*, qui occupent 230 ouvriers et produisent 470^T; dans la seconde, se trouvent les mines de *San-José* et *Guadalupe*.

Mais il faut surtout comprendre, comme source de production d'argent, toutes les mines de galène argentifère.

Suivant la *Revista minera* du 1er février 1894, la production de l'argent métal s'est répartie ainsi qu'il suit, par province, y compris l'argent extrait en France par la désargentation des plombs d'œuvre :

PROVINCES	1892	1893
Guadalaxara.	25.000^{kg}	28.000^{kg}
Cordoue.	40.000	23.000
Murcie.	18.000	17.000
Jaën.	12.000	12.000
Guipuzcoa	10.000	10.000
	85.000	90.000

Production du mercure.

La production du minerai de mercure qui a été de 33.000^T, en 1893, est localisée dans les provinces d'*Alméria* (Almaden, 20.200^T), *Oviedo* (Miéres, 12,650^T), *Grenade* (Concepcion, 150^T).

Les mines de cinabre d'*Almaden* sont situées à 15 kilomètres de la station Almanedijos; elles ont 3 sièges d'exploitation : *San-Pedro*, *San-Francisco* et *San-Nicolas*, qui ont donné ensemble 20.238^T de minerai en 1892.

Le minerai de mercure a été donné, dans son ensemble, par 20 mines, occupant 1.440 ouvriers.

Usines à mercure.

Almaden : Usine près de la mine de ce nom, dont elle traite les minerais.

Suivant l'*OEstereichische-Zeitschrift*, l'usine d'*Almaden* aurait produit, en 1892, 44.800 bouteilles de mercure de 35 kilogrammes, et l'usine d'*El-Porvenir* (Asturies) aurait produit 2.090 bouteilles.

Mais, d'après la *Revista minera* du 1er février 1894, dont les renseignements sont probablement plus certains, la production se serait ainsi répartie entre les diverses usines, pour les années 1892 et 1893 :

USINES	1892	1893	
Almaden.	44.804ᵗ	44.575ᵗ	Francos de 34ᵏ,500.
El-Porvenir	2.250	2.000	
Union-Asturiana.	1.000	1.000	
La Soterraña.	600	800	
Autres.	86	82	
	48.740	48.457	

Production du soufre.

Les seules mines de soufre qui soient activement exploitées sont celles de *Buen-Viento-Corre*, à 15 kilomètres d'Alméria, dans le district de Gador; elles produisent 26.600ᵀ de minerai, qui y sont fondues dans 18 fours.

Le soufre qui en provient, 3.500ᵗ environ, est ensuite dirigé sur Marseille ou sur l'Angleterre, pour y être raffiné.

On peut citer quelques autres mines sans importance à *Lorca* (Murcie) et à *Hellin* (Albacete).

Pyrite de fer.

Aguas-Tenidas : Mine de pyrite de fer, appartenant à la Société française de ce nom, au capital de 10 millions de francs. Le minerai contient 46 p. 100 de fer et 53 p. 100 de soufre; il est exporté en Amérique et en Angleterre, en vue de l'extraction du soufre. La production a été de 222.000ᵀ en 1892, et donnée par 6 mines occupant 480 ouvriers.

La *Revista minera*, dans un des derniers numéros de 1892, cite ces mines comme très prospères et estime que les ventes atteindront 400.000ᵀ dans un avenir très prochain.

Les bénéfices de la Compagnie ont atteint 1.443.000 francs en 1892, laissant un dividende de 40 francs par action.

Mines d'étain, salines, phosphates.

Enfin, on peut citer les mines d'étain de *Viana-de-Bollo*, dans la Galice; les salines de *Torrevieja*, près d'Alicante, donnant 100.000ᵀ, et celles de *Cardona*, en Catalogne, donnant 500.000ᵀ.

Les phosphates de *Cacérès*, transformés depuis quelque temps en superphosphates, parce que leur prix de revient et de transport ne leur permet pas la concurrence avec ceux d'Amérique ou de la Somme.

Les calcaires asphaltiques de *Maèstu*, dans la province d'Alava.

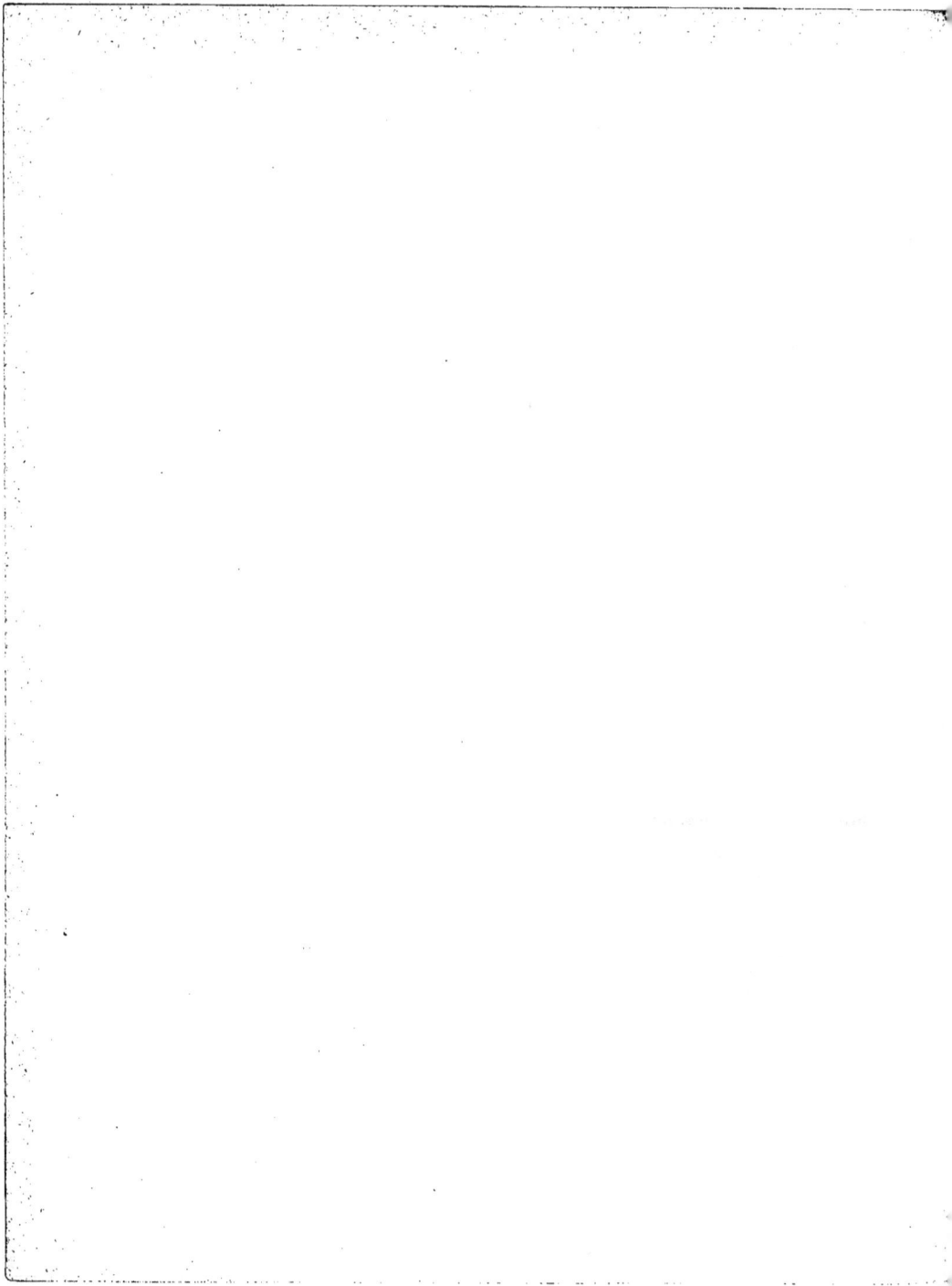

TABLEAU COMPARATIF

DE

LA PRODUCTION MINÉRALE ET MÉTALLURGIQUE DES ÉTATS DE L'EUROPE

TABLEAU COMPARATIF DE LA PRODUCTION MINÉRALE

	FRANCE	ALGÉRIE	BELGIQUE	ANGLETERRE
Houille et anthracite	25.697.233^T	»	19.583.173^T	181.787.000^T
Lignite	481.468	»	»	5.000
Minerai de fer	3.706.750	452.603^T	209.943	11.312.000
— de plomb argentifère	21.656	349	70	45.000
— de zinc.	69.236	21.907	14.280	22.000
— de cuivre	221	8.144	»	9.991
— de manganèse.	32.406	»	18.500	6.100
— d'antimoine	5.103	48	»	6
— d'étain.	11	»	»	14.558
— d'argent.	»	»	»	»
— d'or	»	»	»	10.150
— de mercure	»	178	»	»
— de platine	»	»	»	»
Pyrite de fer	230.480	»	1.990	14.000
Schistes bitumineux.	200.025	»	»	2.123.376
Calcaire asphaltique	24.286	»	»	»
Pétrole	»	»	»	»
Soufre.	7.231	»	»	»
Sels divers.	973.752	24.784	»	1.988.000
				Production
Fonte	2.057.258	445	753.270	6.709.000
Fers marchands et tôles	828.319	»	479.000	1.950.000
Aciers divers	682.467	»	208.300	2.919.810
Plomb.	8.776	»	12.700	44.936
Zinc.	20.609	»	86.000	22.503
Cuivre.	2.163	mattes : 448	»	79.600
Étain	»	»	»	11.687
Argent	103.247^{kg}	»	33.950 ^{kg}	17.578 ^{kg}
Or.	210^{kg}	»	»	141^{kg}
Platine	»	»	»	»
Mercure.	»	»	»	»
Nickel.	1.244	»	»	»
Aluminium	75	»	»	»
Antimoine.	754	»	»	3

T MÉTALLURGIQUE DES ÉTATS DE L'EUROPE.

ALLEMAGNE	SUÈDE ET NORVÈGE	RUSSIE	AUTRICHE-HONGRIE	ITALIE	ESPAGNE
71.327.750^T	199.388^T	6.939.412^T	10.235.957^T	295.713^T	1.532.000^T
29.977.930	»	»	18.440.072	»	34.100
8.168.940	1.291.933	1.959.600	1.947.100	214.487	5.497.540
183.000	19.803	30.000	103.765	36.810	369.260
800.000	54.981	59.000	33.944	127.663	51.410
568.000	24.089	121.100	11.535	102.427	2.164.380
32.000	7.832	199.181	6.107	5.865	9.480
»	»	»	316	592	570
63	»	22	»	»	»
17.500	»	29.000	21.271	1.680	4.000
10.000	3.463	24.000.000	4.164	6.642	»
»	»	56.000	79.447	»	33.000
»	»	780.000	»	»	»
130.000	»	17.000	59.000	27.670	222.000
53.000	»	»	»	9.270	»
»	»	17.600	78		»
»	»	4.750.609	80.000	1.573	»
1.800	45.600	300	116	182.630	29.600
1.166.000	»	1.361.693	444.900	400.902	320.000

es usines.

ALLEMAGNE	SUÈDE ET NORVÈGE	RUSSIE	AUTRICHE-HONGRIE	ITALIE	ESPAGNE
4.641.220	478.696	1.029.189	929.894	13.000	260.450
1.485.000	235.426	474.937	332.000	124.273	121.349
1.819.000	157.634	373.223	159.000	56.543	71.200
101.000	799	928	8.552	22.000	188.500
140.000	»	4.277	5.237	»	5.925
25.000	745	5.455	1.117	6.119	»
684	»	10	»	»	»
488.000^{kg}	5.211^{kg}	10.056^{kg}	2.144^{kg}	43.000^{kg}	59.800^{kg}
3.860^{kg}	88^{kg}	42.602^{kg}	53.707^{kg}	330^{kg}	»
»	»	4.573	»	»	»
»	»	343	550	325	1:670
730	»	»	»	»	»
»	»	»	»	»	»
210	»	»	350	315	»

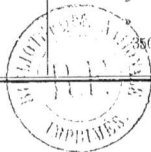

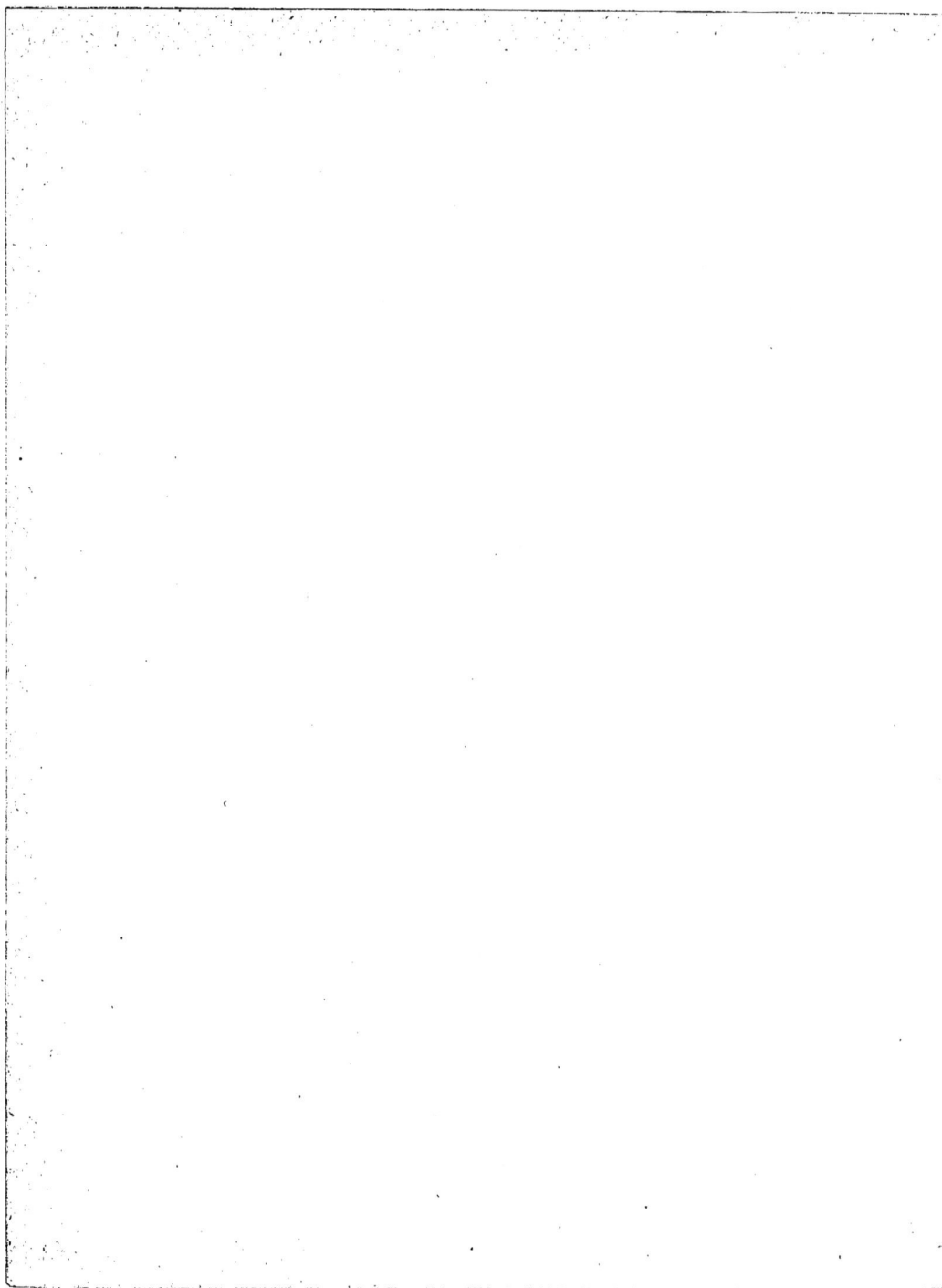

TABLE ALPHABÉTIQUE

PAR NATURE DE SUBSTANCES

28

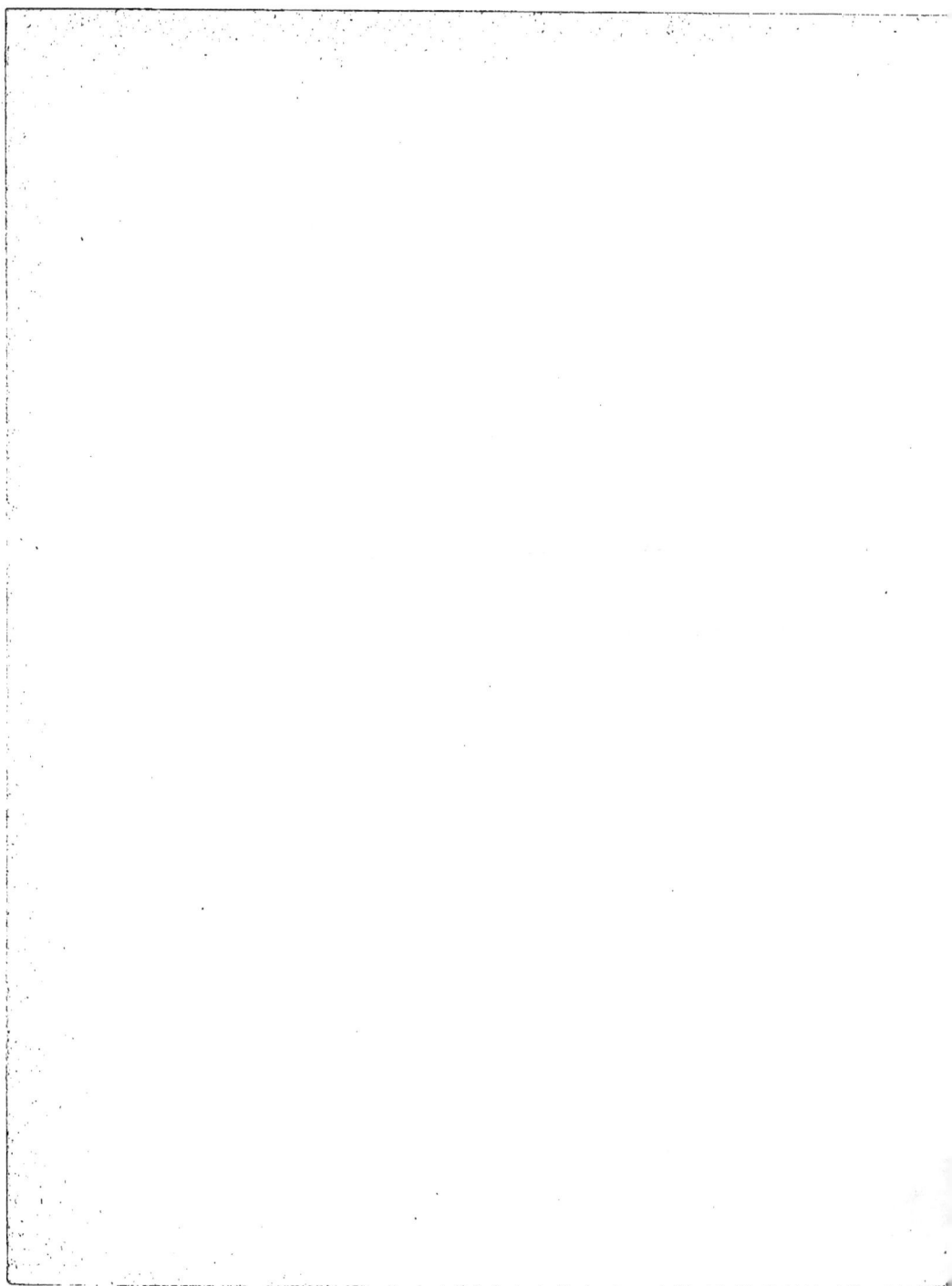

TABLE ALPHABÉTIQUE

PAR NATURE DE SUBSTANCES

Nota. — Les noms des usines et ateliers sont en caractères gras.

FRANCE

—

Houille, anthracite.

Pyrite de fer.

Manganèse.

Antimoine.

BELGIQUE

GRANDE-BRETAGNE

ALLEMAGNE

Plomb (Mines et usines).

Cuivre (Mines et usines).

Zinc (Mines et usines).

RUSSIE

SUÈDE ET NORVÈGE

AUTRICHE-HONGRIE

ITALIE

ESPAGNE

32

FIN DE LA TABLE ALPHABÉTIQUE

PARIS. — IMPRIMERIE ERNEST FLAMMARION, RUE RACINE, 26

www.ingramcontent.com/pod-product-compliance
Lightning Source LLC
Chambersburg PA
CBHW071615210326
41519CB00049B/2151